EIN BEITRAG ZUR

BERECHNUNG DER DRAHTSEILE

AN HAND EINES VERGLEICHES DER SEILSICHERHEITEN
BEI FÖRDERMASCHINEN UND BEI PERSONENAUFZÜGEN

UNTER BERÜCKSICHTIGUNG DER

SEILSCHWINGUNGEN

VON

Dr.-Ing. ADOLF HEILANDT

MIT EINER TAFEL

MÜNCHEN UND BERLIN 1916
DRUCK UND VERLAG VON R. OLDENBOURG

Inhaltsverzeichnis.

Vorwort.

Es ist eine auffallende Tatsache, daß Seilbrüche bei den Fördermaschinen weit häufiger auftreten als bei den Aufzügen, obgleich die
Berechnungsvorschriften die Förderseile geringer beansprucht erscheinen lassen.

Danach muß man vermuten, daß die üblichen Rechnungsmethoden
vor allem für die Förderseilbelastungen bei Betriebsstörungen, die
in der Regel die Ursache der Seilzerstörungen sind oder doch die letzte
Veranlassung dazu geben, zu kleine Spannungen liefern, und daß vielleicht auch für die Beanspruchungen im normalen Betrieb die berechneten Werte nicht immer mit den tatsächlich entstehenden Spannungen
übereinstimmen. Wie weit dies zutrifft, soll im folgenden untersucht werden, und zwar besonders eingehend für die Seilbeanspruchungen bei Betriebsstörungen.

So verwandt die Fördermaschinen und die Aufzüge sind, so
haben sich diese beiden Maschinentypen doch fast unabhängig voneinander entwickelt, wie auch die Fabrikation getrennt vor sich geht.

Die behördlichen Vorschriften für den Bau solcher Maschinen
sind für beide Gattungen gleichfalls verschieden, und gerade für
das wichtigste Konstruktionsglied, für das Drahtseil, weichen die
Verordnungen stark voneinander ab. Die maßgebenden Behörden,
die für die Fördermaschinen von jeher andere waren als für die Aufzüge, gingen bei der Aufstellung und bei der weiteren Ausbildung
solcher Vorschriften auch ihre besonderen Wege, wie sie freilich zum
Teil schon durch die verschiedenartigen Betriebsverhältnisse vorge-
zeichnet waren. Da der Zweck solcher behördlichen Maßnahmen:
die fahrenden Personen vor Unfällen zu bewahren — in beiden Fällen
der gleiche ist, so erscheint es wohl angebracht, von Zeit zu Zeit durch
einen Vergleich des auf beiden Seiten erreichten Schutzes nachzu-
prüfen, wie weit man sich dem gesteckten Ziele genähert hat.

Ein solcher Vergleich, wie er mit den nachstehenden Untersuchungen angestrebt wird, dürfte für die Bergleute gerade im jetzigen Augen-

blick von Interesse sein, weil er auch das Eingehen auf die vielseitigen Beanspruchungen des Förderseiles bringen muß und damit Beiträge liefern kann zur Beantwortung der wichtigen, letzthin wiederholt aufgeworfenen Frage[1]):

Kann das Drahtseil im Förderbetrieb zur Verringerung des lästig großen Seileigengewichtes schwächer gehalten werden, als es die heutigen bergpolizeilichen Vorschriften verlangen, ohne daß die Sicherheit der Beförderung in unzulässiger Weise beeinträchtigt wird?

Um eine Bejahung dieser Frage zu rechtfertigen, ist bisher in der Hauptsache die Förderseilstatistik herangezogen worden, die überhaupt seit ihrer behördlichen Einführung im Jahre 1872 mehr Einfluß auf die Entwicklung der Sicherheitsmaßnahmen ausgeübt hat als die wissenschaftliche Behandlung des Gegenstandes.

Der letzthin verstorbene Oberbergrat Hermann Undeutsch ist der erste gewesen, der die Seilbeanspruchungen in dynamischer Beziehung eingehender studiert hat, und bis vor kurzem fast der einzige, der sich viele Jahre hindurch im Zusammenhang mit seiner Theorie über die Fangvorrichtungen an Förderkörben besonders mit den Stoßbelastungen und Schwingungen der Förderseile näher beschäftigt hat[2]).

Seither ist Wichtiges an rein wissenschaftlichem Material auf dem Gebiet der technischen Mechanik und auch in der Seilfrage als solcher zwar geschaffen worden, aber die Ergebnisse der Forschung sind weder genügend beachtet, noch für die Seilberechnung verwertet worden.

Das Zusammentragen dieses Materials soll im Kapitel II im Anschluß an eine Zusammenstellung der zum Teil bekannten Formeln erfolgen; die neuen Ergebnisse sollen zum Teil umgearbeitet und dann zur Beantwortung der Sicherheitsfrage herangezogen werden. Neben den Formeln zur Berechnung der Seilspannungen sollen auch die Ansätze und Grundgleichungen angeführt werden, während die mathematischen Zwischenrechnungen zur Erlangung der Resultate fortgelassen werden sollen.

Daß der Klärung der dynamischen Beanspruchungen bei Förderseilen durch Versuche, Berechnungen und Statistiken weit mehr Bedeutung als mancher anderen, die Verbesserung oder Vervollkommnung von Maschinen und Apparaten betreffenden technischen Frage zukommt: dafür spricht deutlich die Förderseilstatistik, deren Beweis-

---

[1]) 4). Siehe u. a. »Glückauf«, Juninummer 1912, Der Sicherheitsfaktor der Förderseile von Prof. Fr. Herbst, Aachen, ferner »Glückauf« 1913, S. 1647, 1729, 1936 ff.

[2]) 2), 3).

material auch mit Rücksicht auf die darüber vorhandene Literatur[1]) hier nicht weiter untersucht werden soll.

Das Herausgreifen einiger Unfälle bei Seilbruch genügt schon, die Wichtigkeit der Abhilfe nachzuweisen:

Am 16. März 1907 sind im Mathildeschacht des Bergwerkes Gerhard bei regelmäßiger Seilfahrt mit dem einfahrenden Korbe infolge Seilbruches 22 Personen etwa 200 m tief abgestürzt und zu Tode gekommen[2]).

Leider steht aber dieses schwere Unglück nicht vereinzelt da; die Statistik enthält Seilbrüche in ununterbrochener Reihenfolge vor und nach dem eben genannten Unfall, und es wurde erst vor kurzem wieder gemeldet:

In der belgischen Kohlengrube von Maurage stürzte am 22. März 1913 ein mit 14 Arbeitern besetzter Korb infolge des Reissens eines Seiles in die Tiefe. Der Anprall geschah mit solcher Gewalt, daß alle vierzehn getötet wurden. Die Rettungsmannschaft konnte nur die furchtbar verstümmelten Leichen an das Tageslicht fördern.

Auf dem Schachte 2/4 der Gewerkschaft Graf Bismarck bei Buer stürzte ein mit vier Bergleuten besetzter Förderkorb in den Schacht. Alle vier Insassen wurden getötet.

Am 4. Juni 1913 ging auf Schacht Jakobi I der Gutehoffnungshütte in Bottrop ein Kübel infolge Seilbruches nieder. Vier Mann wurden schwer, einer leicht verletzt.

Auf der fiskalischen Grube Hercynia bei Vienenburg riß am 23. September 1913 bei der Ablösung der Mittagsschicht auf Schacht I das Seil der Fahrung. Der mit 12 Bergleuten besetzte Korb stürzte in die Tiefe, wobei mehrere Bergleute getötet, die übrigen schwer verletzt wurden.

Im Oberbergamtsbezirk Dortmund sind in den Jahren 1872 bis 1899

11,95 % der Eisenrundseile,
12,93 % der Eisenbandseile,
1,86 % der Gußstahlrundseile,
5,80 % der Gußstahlbandseile,
6,60 % der Aloebandseile

plötzlich gerissen. Nach neueren amtlichen Feststellungen in Preußen ist unter 100 abgelegten Förderseilen durchschnittlich ein gerissenes.

---

[1]) Einige Literaturangaben am Schlusse dieser Abhandlung.
[2]) Z. f. Berg- u. Sal.-Wesen 1909, S. 404.

Nachtrag zum Vorwort.

In der Zeit zwischen der Drucklegung und der Herausgabe dieser Arbeit sind die auf anliegendem Literaturnachtrag neben einigen älteren Aufsätzen aufgeführten Veröffentlichungen von v. Bach und R. Baumann über Betriebserfahrungen mit Drahtseilen sowie von Benoit und Woernle über die Biegungsbeanspruchung und Dauerversuche erschienen.

Die Versuche von Benoit und Woernle bestätigen die auf S. 13 meiner Arbeit unter Hinweis auf die Behauptung Isaachsens und Benoits gemachte Bemerkung, daß die Biegungsbeanspruchung größer ist als der Wert, den die Berechnung nach der von der Behörde empfohlenen Formel $\sigma_b = \dfrac{3}{8} \cdot \dfrac{\delta E}{2R}$ liefert. Das kann von Einfluß sein auf meine auf S. 11 gebrachte Behauptung, daß die Sicherheit der Aufzugsseile reichlich sei. Sie ist unter der Voraussetzung aufgestellt worden, daß mindestens die von der Behörde verlangte sechsfache Sicherheit bei Berechnung auf Zug und Biegung tatsächlich (nicht nur nach der heutigen Berechnung) vorhanden ist, und daß auch einesteils die z. Z. nicht und andernteils die nie zu berechnenden Nebenbeanspruchungen und zerstörenden Nebeneinflüsse, über deren Gesamtwirkung die Benoitschen Dauerversuche auch schon wichtige Aufschlüsse geben, die sechsfache Sicherheit nicht unter dasjenige Maß herabdrücken, bei dem die Spannungen die Elastizitätsgrenze des Drahtmaterials überschreiten, oder wenigstens nicht so weit, daß sie für sich oder im Zusammenhang mit äußerer und innerer Abnutzung die Lebensdauer der Seile unzulässig verkürzen.

Im übrigen muß die Berechnung der Aufzugsseile unter alleiniger Zugrundelegung eines Sicherheitsfaktors ebenso durch weitere Nebenrechnungen mit Benutzung wissenschaftlicher Versuchsergebnisse erweitert werden, wie ich das für die Förderseile auf S. 14 und 67, 68 als notwendig bezeichnet habe.

Die in den Zahlenbeispielen für Ausnahmebelastungen S. 48 ff. berechneten Gesamtbeanspruchungen würden bei Berücksichtigung der Biegung nach den Ergebnissen der neueren Versuche entsprechend höher anzusetzen sein.

Berlin, im November 1915.

Dr.-Ing. Adolf Heilandt.

I. Allgemeine Betrachtungen über die Seilvorschriften und die Betriebsverhältnisse.

Da der Vergleich in erster Linie für die aus den behördlichen Vorschriften sich ergebenden Seilsicherheiten gelten soll, so müssen die wichtigsten der Vorschriften für die Wahl der Seile als Einleitung dieses Abschnittes gebracht werden.

Von den zahlreichen Vorschriften der einzelnen deutschen Bundesstaaten, die in vielen wesentlichen Punkten übereinstimmen, soll hier für die Aufzüge ein kurzer Auszug aus der »Polizeiverordnung für Preußen, betreffend die Einrichtung und den Betrieb von Aufzügen«, und für die Fördermaschinen ein Auszug aus der »Bergpolizeiverordnung des Kgl. Oberbergamtes Dortmund über Betriebsanlagen auf Bergwerken vom 28. März 1902« gegeben werden.

Die Vorschriften über die Anbringung von Fangvorrichtungen sind insofern gleichfalls von Interesse, als das Vorhandensein einer solchen Sicherheitseinrichtung am Fahrkorb den Bruch des Seiles besonders bei Aufzügen mit Recht als weniger gefahrvoll erscheinen läßt; sie sollen daher neben den Seilvorschriften hier wiedergegeben werden, auch schon deshalb, weil die Feder der Fangvorrichtung die Spannkräfte, die im Seile bei Schwingungen auftreten, unter Umständen beeinflussen kann.

A. Behördliche Vorschriften für Personenaufzüge.

»Die Personenaufzüge sind mit einer zuverlässigen Fang- und Geschwindigkeitsbremsvorrichtung zu versehen (§ 10).

Zu den Personenaufzügen gehören auch diejenigen Lastenaufzüge, auf denen Führer mitfahren dürfen (§ 2, II).

Das Triebwerk der Aufzüge muß so beschaffen oder mit solchen Einrichtungen versehen sein, daß eine für die Anlage im voraus bestimmte größte Fördergeschwindigkeit nicht überschritten werden kann. Geschwindigkeiten von mehr als 1,5 m/sec sind nur mit besonderer Genehmigung des Regierungspräsidenten zulässig (§ 11, I).

Fahrstühle mit Geschwindigkeitsbremse dürfen nach Loslösung oder Bruch der Tragorgane höchstens mit einer Geschwindigkeit von 1,5 m in der Sekunde niedergehen; solche mit Fangvorrichtung müssen sich festklemmen, nachdem sie höchstens 0,25 m tief gefallen sind (§ 11, II).

Aufzüge, die nicht durch Stempel, Spindeln o. dgl. unterstützt werden, müssen mindestens an zwei Seilen, Gurten oder Ketten aufgehängt werden, die derartig mit einer Fangvorrichtung zu verbinden sind, daß letztere bei gefahrdrohender Dehnung eines der Tragorgane in Tätigkeit tritt.

Seile sind so zu berechnen, daß die auf jedes Seil entfallende Zug- und Biegungsspannung nicht mehr als $^1/_6$ seiner Bruchfestigkeit beträgt (§ 13).

Bei der Abnahme sind durch Fahrproben mit der höchsten zulässigen Belastung alle vorgeschriebenen Sicherheitsvorrichtungen zu prüfen. Die Zuverlässigkeit der Fang- oder Bremsvorrichtungen ist außerdem bei leerem Fahrkorb zu erproben (§ 35, 1).[1]

Personenaufzüge sind in längstens zweijährigen Fristen, Lastenaufzüge in vierjährigen Fristen durch den zuständigen Sachverständigen einer wiederkehrenden Untersuchung zu unterwerfen. Bei diesen ist die Anlage in derselben Weise wie bei der Abnahme zu prüfen (§ 36, 1).«

B. Behördliche Vorschriften für Fördermaschinen.[2]

»§ 46. Jedes beim Schachtabteufen zur Förderung benutzte Seil muß mindestens 6 fache Sicherheit im Verhältnis zur Meistbelastung bei der Bergeförderung dauernd gewähren.

Bei jedem dieser Seile muß mindestens alle drei Monate das an dem Fördergefäß befindliche Seilende auf mindestens 3 m Länge über dem Einband abgehauen und das Seil neu eingebunden werden.

§ 48. Die Benutzung der Schachtförderseile zur Seilfahrt für die Belegschaft ist nur mit Genehmigung des Oberbergamtes gestattet.

---

[1] In der Regel werden die Fangproben auch mit toter Last von dem Hersteller des Aufzuges vorgeführt.

[2] 6).

Anträge auf Genehmigung der Seilfahrt sind bei dem Revierbeamten nach Maßgabe der von dem Oberbergamt hierfür getroffenen
Bestimmungen einzureichen.

§ 52. Für jede Seilfahrt ist ein besonderes Seilfahrtbuch an-
zulegen, welchem die Genehmigungsurkunde anzuheften ist.

In das Seilfahrtbuch sind alle die Seilfahrt betreffenden wesentlichen Vermerke einzutragen, als: die Namen und Wohnorte der
Verfertiger der benutzten Seile, die Zeitpunkte der Anlieferung, Auf-
legung, der Erneuerung der Einbände, der Prüfungen und der Ab-
legung der einzelnen Seile, die Ergebnisse der Signale, die Namen der
mit den Prüfungen der Seilfahrtseinrichtungen verantwortlich beauf-
tragten Personen, die Namen der für die Hängebank und die einzelnen Sohlen bestellten Anschläger (Signalgeber) usw.

Die Schachttrumme und Schachtleitungen, die Befestigung der
Seile an den Seiltrommeln und Förderschalen, die Bremsvorrichtungen,
die Befestigung der Seiltrommeln auf den Achsen, die Seilscheiben
mit ihren Achsen und Fanglagern, die Förderschalen, die Fangvorrichtungen, die Aufsatzvorrichtungen, etwa vorhandene Unterseile
sowie die Sicherheitsapparate gegen Übertreiben müssen täglich
sorgfältig geprüft werden.

Bei Beginn jeder Schicht und bei jedem Sohlenwechsel muß zwischen denjenigen Schachtpunkten, zwischen denen Seilfahrt statt-
finden soll, in jedem Schachttrum mit voller Produktenbelastung
zur Probe auf und ab getrieben werden, bei diesen Probetreiben sind
auch die Vorrichtungen zur Erkennung des Standes der Förderschalen
in den Schachttrummen sowie die Seile zu prüfen. Finden sich bei
den Prüfungen Mängel oder Schäden, so darf die Seilfahrt nicht eher
beginnen, als bis dieselben beseitigt sind.

Die Maschinenwärter dürfen die Seilfahrt nicht eher in Gang
setzen, als bis ihnen von den mit der Prüfung betrauten Personen die
Mitteilung gemacht worden ist, daß alle Einrichtungen in Ordnung sind.

Der Maschinenwärter ist verpflichtet, von jedem Fehler oder Scha-
den, den er an der Fördermaschine oder der Dampfleitung bemerkt,
dem verantwortlichen Betriebsbeamten sofort Anzeige zu erstatten.
Letzterer hat dann zu entscheiden, ob die Maschine vor Beseitigung
der Mängel noch bei der Seilfahrt benutzt werden darf.

Über alle an den zur Seilfahrt dienenden Einrichtungen ent-
deckten Schäden und deren Abstellung ist von dem für den Seilfahrt-
betrieb verantwortlichen Beamten ein Vermerk in das Seilfahrtbuch
einzutragen. Der Vermerk muß außer dem Zeitpunkt der Entdeckung

1*

des Schadens noch angeben, wann und wie seine Abstellung erfolgt ist, und wie lange die Seilfahrt geruht hat.

Jeder Unfall bei der Seilfahrt, durch welchen Personen getötet oder schwer oder leicht verletzt worden sind, oder bei dem Menschenleben in Gefahr geschwebt haben, sowie alle außergewöhnlichen Vorkommnisse bei der Produktenförderung oder wesentliche Veränderungen in den Schacht- und Fördereinrichtungen, welche die Sicherheit bei der Seilfahrt zu beeinträchtigen vermögen, sind sofort dem Revierbeamten anzuzeigen.

§ 54. Jedes Förderseil muß mindestens eine 6 fache Sicherheit im Verhältnis zur Meistbelastung bei der Produktenförderung dauernd gewähren. Gestückte Seile dürfen zur Seilfahrt nicht benutzt werden.

Die Benutzung umgelegter Rundseile bei der Seilfahrt ist untersagt.

Umgelegte Flachseile und solche Flachseile, bei denen die Nählitzen erneuert worden sind, dürfen nur mit schriftlicher Erlaubnis des Revierbeamten zur Seilfahrt benutzt werden. Im Falle der Umlegung dürfen Flachseile nur dann zur Seilfahrt dienen, wenn sie vor der Umlegung nicht länger als drei Monate gebraucht worden sind.

§ 55. Vor der Benutzung zur Seilfahrt muß jedes Förderseil:

1. Biegungs- und Zerreißungsversuchen unterworfen werden, wie sie in der Genehmigungurkunde angegeben werden müssen;
2. mindestens drei Stunden hindurch mit der gewöhnlichen Förderlast gebraucht und fehlerfrei befunden sein. Dasselbe gilt, wenn eine Erneuerung des Seileinbandes oder des Zwischengeschirrs stattgefunden hat.

§ 56. Bei jedem Förderseil muß mindestens alle drei Monate das an der Förderschale befindliche Seilende auf mindestens 3 m Länge über dem Einband abgehauen und das Seil neu eingebunden werden.

Das oberste Meter dieser Seilenden ist ebenfalls, wie im § 55, 1 vorgeschrieben, und zwar spätestens drei Tage nach dem Abhauen, auf die Biegsamkeit seiner Drähte und auf seine Tragfähigkeit zu prüfen.

Der Revierbeamte ist befugt, das Abhauen der Seilenden und deren Prüfung in geringerer als dreimonatlicher Frist anzuordnen, wenn besonders ungünstige Einflüsse die Haltbarkeit des Seiles beeinträchtigen.

§ 57. Auf Köpe-Förderungen findet der § 56 keine Anwendung. Bei diesen darf kein Förderseil länger als zwei Jahre zur Seilfahrt benutzt werden.

Eine längere Benutzung ist nur mit Genehmigung des Oberbergamtes gestattet.

§ 72. Während der Seilfahrt beim Schichtwechsel müssen stets zwei Maschinenwärter im Fördermaschinenraum anwesend sein. Die Schicht desjenigen, welcher die Maschine führt, darf erst mit der Seilfahrt beginnen.

§ 75. Die Fördergeschwindigkeit bei der Seilfahrt darf zu keinem Zeitpunkt die in der Genehmigungsurkunde angegebene Höchstgeschwindigkeit übersteigen.

§ 79. Der Revierbeamte ist befugt, Änderungen in der Konstruktion der Förderseile — insofern hierbei keine Änderung der Seiltrommeln eintritt — zu genehmigen.

Zu anderen wesentlichen Veränderungen der Seilfahrteinrichtungen ist die Genehmigung des Oberbergamts vorher einzuholen.

Tritt die Notwendigkeit einer Abänderung der Seilfahrtseinrichtungen plötzlich ein, so ist der Revierbeamte befugt, solche ausnahmsweise auf die Dauer von längstens 14 Tagen zu genehmigen. Die Genehmigung muß schriftlich erteilt werden, die Angabe der Änderung enthalten und in das Seilfahrtbuch eingetragen werden.

Muß bei dem Probebetrieb neuer Seile wegen Unbrauchbarkeit der aufliegenden Seile oder wegen sonstiger Mängel der Einrichtungen die Seilfahrt ruhen, so ist dieses der Belegschaft sofort durch Aushang bekannt zu machen und, daß dies geschehen, in das Seilfahrtbuch einzutragen.«

Bezüglich der weiteren Bestimmungen, betreffend Anträge auf Genehmigung der Seilfahrt, mag noch auf die Ausführlichkeit, die für die Angaben im Gesuch gefordert wird, hingewiesen werden.

Es werden unter anderem Rechnungen verlangt für die Belastung bei a) der Förderung und b) der Seilfahrt; und zwar unter Angabe getrennter Gewichte des Förderseiles, der Förderschale, des Zwischengeschirrs, der Unterseilführung oder dergleichen, sowie der Förderwagen, der Förderlast, der fahrenden Personen zu je 75 kg und der Einsatztüren; hiernach Berechnung der Sicherheitskoeffizienten unter Berücksichtigung der tiefsten Schachtfördersohle bei der Massenförderung und bei der Seilfahrt.

Das Gewicht der fahrenden Personen, der Einsatztüren u. dgl. darf zusammen 50 % des Gesamtgewichtes der Förderwagen, der Kohlen u. dgl. in der Regel nicht übersteigen.

Es wird Angabe des Ortes, wo die Zerreißungs- und Biegungsversuche vorgenommen werden, verlangt.

Neue Vorschriften für die Oberbergamtsbezirke Dortmund und Bonn gestatten, daß jedes Förderseil eine 8 fache Sicherheit im Verhältnis zur Meistbelastung bei der Seilfahrt dauernd gewährt. Die Belastung bei der Seilfahrt darf nicht mehr als 90 % der Belastung bei der Produktenförderung betragen[1]).

Auch in anderen Bezirken sind inzwischen Änderungen in den Vorschriften vorgenommen worden.

Für Köpeförderung kommt auch 7 fache Sicherheit bei der Lastfahrt und 9.5 fache bei der Seilfahrt vor; für neu aufgelegte Seile ist zum Teil eine vierteljährige Prüfzeit eingeführt worden u. a. m.

C. Vergleich der Vorschriften und der Betriebsverhältnisse.

Bei Personenaufzügen findet man in Übereinstimmung mit den Vorschriften stets zwei Seile, die jedes die halbe Last bei Berechnung auf Zug und Biegung mit 6 facher Sicherheit tragen, ferner immer eine Fangvorrichtung und in den meisten Fällen — große Aufzüge in Amerika ausgenommen — eine Geschwindigkeit der Kabine von 1 m/sec, selten 1,5 m/sec oder mehr.

Bei der Fördermaschine hängt der Korb an nur einem[2]) Seile, das für die Seilfahrt eine 9 fache (in einigen Bezirken nach neueren Vorschriften 8 fache) oder die für die Massenfahrt mit entsprechend größeren Lasten festgesetzte 6 fache Sicherheit besitzen muß, ohne daß die Beanspruchung durch die Seilbiegung beim Lauf über die Rollen und die Trommel mit in Rechnung gestellt zu werden braucht. Eine Fangvorrichtung ist nicht in allen Fällen vorgeschrieben; die Höchstgeschwindigkeit des Förderkorbes für die Seilfahrt darf bis zu 10 m/sec und für die Massenfahrt mit demselben Seile bis zu 20 m/sec betragen.

Auf den ersten Blick scheint es, als ob die Fördermaschine mit den höheren Sicherheitszahlen für die Mannschaftsfahrt und den

---

[1]) 45), S. 71 bis 74.

[2]) Auf der Zeche Blankenburg ist letzthin bei einer Köpemaschine für 200 m Teufe eine zweiseilige Korbaufhängung versucht worden.

viel ausführlicheren Vorschriften dem Aufzug gegenüber durchaus nicht im Nachteil wäre; aber schon ein näherer Vergleich der Betriebsverhältnisse zeigt, daß mehrere ungünstige Einflüsse bei den Fördermaschinen stärker hervortreten als bei den Aufzügen.

Bei der Fördermaschine sinkt die für die Seilfahrt 9fache Sicherheit (bzw. 8fache in einigen Bezirken) für die Massenfahrt, die während der Hauptbetriebszeit, etwa $9/_{10}$ der Schicht, stattfindet, meist auf einen zwischen 6 und 7 liegenden Wert herab.

Bei Personenaufzügen, die auch für Lasten bestimmt sind, muß dagegen auch für die Lastfahrt die 6fache Sicherheit vorhanden sein; ist dabei die tote Nutzlast größer als die Personenlast, so wächst die Sicherheit bei der Personenbeförderung über den Wert 6.

Bei der Fördermaschine ist weiterhin bei der Seilfahrt als auch bei der Massenfahrt immer die Höchstlast auf der Schale; beim Wassertreiben oder beim Einhängen von Lasten können obendrein noch Überschreitungen der Belastungsgrenze zuungunsten der Seilsicherheit vorkommen.

Günstiger steht es mit der Häufigkeit der Höchstlast bei den Aufzügen: die volle für die Beförderung zugelassene Personenzahl wird bei weitem nicht bei jeder Fahrt erreicht; damit steigt die durchschnittliche Sicherheit des Aufzugsseiles.

Ferner schwankt beim Aufzugsseil die Belastung bei einem Zuge zwischen Vollast und etwa halber Gesamtlast (leerer Korb) — oft in noch engeren Grenzen, um etwa 1 : 0,75 herum — weil die Kabine stets, auch bei der Beladung und Entladung, am Seile hängt.

Innerhalb weiterer Grenzen, wie es ungünstigeren Festigkeitsbedingungen entspricht, wechselt bei der Fördermaschine mit Unterseil die Belastung des Seilteiles über dem Korbe bei jeder Fahrt zwischen Null und der Korb- nebst Seillast, wenn zur Erleichterung des Ladens eine Aufsatzvorrichtung an der Hängebank vorgesehen ist: findet die Abstützung des Korbes am Füllort statt, oder fehlt das Unterseil, so ändert sich die Belastung zwischen Null und der Korblast.

Dazu kommen beim Förderseil noch die ungleich größeren Stöße beim Anfahren, wenn der Korb beim Zurückziehen der Aufsatzvorrichtung[1]) in ein Hängeseil stürzt, oder wenn das Seil aus dem Hängeseil plötzlich durch die Maschine mit erhöhter Zugkraft beim Anfahren

---

[1]) Bei neueren Anlagen läßt man die Aufsatzvorrichtungen gern fort, oder sonst verwendet man mehr Sorgfalt auf eine gute Konstruktion derselben, damit Seilstöße möglichst vermieden werden.

straff gezogen wird. Hierbei kann die Seilsicherheit, wie spätere Rechnungen zeigen werden, stark vermindert werden.

Die Häufigkeit der Beanspruchung braucht bei isotropen Körpern in der Regel nicht in Betracht gezogen zu werden, wenn die Beanspruchungen (d. h. nicht die gerechneten, sondern die tatsächlichen) unter der Elastizitätsgrenze bleiben. Kann der Betrieb das Einhalten dieser Bedingungen nicht gewährleisten, so nimmt, abgesehen von der äußeren Abnutzung, die Gebrauchsfähigkeit der Konstruktion mit der Zeit doch ab. Dies trifft aber mehr als für die Seile anderer Hebezeuge gerade für die der Fördermaschinen zu.

Da der Betrieb der Fördermaschine Zug um Zug unter Einschaltung kleinster Ladepausen erfolgt, also im allgemeinen viel regelmäßiger als der der Aufzüge ist: so wird erfahrungsgemäß das Ablegen von Förderseilen, die noch dazu in vielen Bergwerken Tag und Nacht laufen, öfter erforderlich als die Auswechselung von Aufzugsseilen. Mit der stärkeren Zügezahl gewinnen auch die Korb- und Seilschwingungen mit ihren Spannungserhöhungen, die bei jeder plötzlichen Belastung oder Entlastung auftreten, größere Bedeutung.

Diese Schwingungen beanspruchen das Seil in jedem Falle ungünstiger, als bei der üblichen Berechnung desselben angenommen wurde; sie verringern deshalb einerseits die als vorhanden angenommene Sicherheit, und sie vermindern anderseits die Dauer der Brauchbarkeit des Seiles um so schneller, je öfter die dabei entstehenden Spannungen die Elastizitätsgrenze überschreiten. Die nach dieser Richtung hin in der Förderpraxis gemachten Erfahrungen haben zum Erlassen entsprechender Vorschriften geführt: Rundseile für Köpeförderung, die zur Seilfahrt benutzt werden, müssen spätestens alle zwei Jahre ausgewechselt werden; für Flachseile ist die Vorschrift mit Rücksicht auf die durch ihre Querschnittsform und ihren Aufbau bedingte, weniger gleichmäßige Verteilung der Belastung noch weiter verschärft worden: solche Seile müssen nach Ablauf eines Jahres durch ein neues ersetzt werden. Seile für Trommelförderung müssen alle drei Monate um 3 m über dem Korbe gekürzt, geprüft und neu eingebunden werden.

Das sind freilich auch nur Notvorschriften, die die Sachlage etwas bessern, die zunächst gegeben werden mußten, weil man den schädlichen Vorgängen bei der allmählichen Seilzerstörung wissenschaftlich noch nicht genügend beikommen konnte. Ideale Maßregeln sind es keineswegs; denn wie die Tatsachen lehren, veranlassen sie für manches, sehr wohl noch betriebsfähige Seil ein zu frühes Ablegen, und, was schlimmer ist als dies: Seilbrüche kommen trotzdem immer wieder vor.

Ein weiterer Ausbau dieser Vorschriften auf Grund wissenschaftlicher Untersuchungen und Seilprüfungen ist deshalb durchaus erwünscht.

Die sonst noch zu erwähnenden Betriebsstörungen ernsterer Art, die bei beiden Maschinengattungen vorkommen können, lassen sich in zwei Gruppen scheiden: Ausnahmebelastungen des Seiles entstehen infolge des Hängenbleibens des Fahrkorbes bei weiterlaufender Maschine oder durch ein plötzliches Stillstehen der Maschine, wenn der Korb sich noch in der Fahrt befindet. Dementsprechend ist zu erwägen, ob einerseits die lebendigen Kräfte, die den Maschinen bei der Fahrt innewohnen, ausreichen, um im Verein mit den entsprechend großen Widerständen des Korbhindernisses im Schachte das Seil zu Bruch zu bringen, und ob anderseits die kinetische Energie des Korbes und des Seiles genügt, die Zerstörung des Seiles zu bewirken. Daß dabei das Förderseil in den meisten Fällen ungünstiger abschneiden muß, deutet schon ein oberflächlicher Vergleich der Korbenergien an.

Infolge der Geschwindigkeitsverhältnisse 1,5 m/sec : 10 m/sec (Seilfahrt) und 1,5 m/sec : 20 m/sec (Massenfahrt) übersteigt der Arbeitsinhalt des Förderkorbes (abgesehen vom Seile) denjenigen der Aufzugskabine bei gleichen Massen bereits um das 45- bzw. 178fache.

Diese Gegensätze werden nur zum Teil durch die bei der Fördermaschine gewöhnlich größeren Seillängen gemildert, die an der Dehnung teilnehmen.

Der nächste Abschnitt II soll nun eine Zusammenstellung der Formeln für die Seilberechnung bringen und dartun, wie weit man zurzeit in der Lage ist, die eben erwähnten Nebeneinflüsse, besonders die Seilschwingungen, rechnerisch zu verfolgen.

II. Zusammenstellung und Kritik der wichtigsten Ansätze und Formeln zur Berechnung der in Hubseilen auftretenden Zug- und Biegungsspannungen, besonders auch bei stoßartigen Belastungen, nebst Vergleichen an Hand der Formeln.

A. Berechnung der Aufzugsseile nach den Vorschriften.[1]

Es bedeute:

G in kg das Gewicht der Last am Seile (bei 2 Seilen die Hälfte der Nutzlast zuzüglich des Fahrkorbgewichtes, ohne daß bei Gegengewichtsentlastung ein Abzug hierfür gemacht wird),

k_z in kg/qcm die zulässige Zugbeanspruchung des Seilmaterials,

σ_z in kg/qcm die Zugspannung im Seile,

σ_b in kg/qcm die Biegungsspannung in den Seildrähten,

K_z in kg/qcm die Zugfestigkeit der Seildrähte,

R in cm den kleinsten Radius der Leitrollen oder der Trommel, über die das Seil läuft,

z die Anzahl der Drähte im Seile,

δ den Drahtdurchmesser in cm,

$\beta = \frac{1}{4}$ bis $\frac{3}{8}$, eine Konstante, von Bach mit untenstehender Formel 2) für die infolge des Umbiegens der Seile auf den Rollen auftretende Biegungsbeanspruchung σ_b angegeben.

Oft wird die Zugbeanspruchung σ_z ebenso groß gewählt wie die Biegungsbeanspruchung σ_b, d. h. jede gleich der Hälfte der zulässigen Beanspruchung k_z.

Diese beträgt bei 6 facher Sicherheit (in bezug auf die rechnerische Bruchfestigkeit K_z, die bis zu 10 % größer sein kann als die wirkliche Bruchspannung des Seiles)

$$k_z = \frac{K_z}{6}.$$

---

[1] 5).

Wird also $\sigma_z = \sigma_b = \dfrac{k_z}{2}$ gewählt, so erhält man

$$\sigma_z = \frac{4\,G}{z\,\delta^2\,\pi} = \frac{K_z}{12}, \quad \ldots \ldots \quad 1)$$

und damit wird der erforderliche Seilquerschnitt $F = \dfrac{12\,G}{K_z}$.

Die Biegungsspannung $\sigma_b = \dfrac{\beta\,\delta\,E}{2\,R} \quad \ldots \ldots \ldots \quad 2)$

wird für diesen Fall $\sigma_b = \dfrac{k_z}{2} = \dfrac{K_z}{12}$,

und hieraus ergibt sich der zulässige Rollen- bzw. Trommelradius zu

$$R = \frac{6\,\beta\,\delta\,E}{K_z}.$$

Die Drahtstärke δ wird gewöhnlich ca. $\dfrac{d}{10}$ oder kleiner gewählt, wobei d der Durchmesser des Seiles ist. Der Elastizitätsmodul E der Seildrähte ist nach der Ausführungsanweisung zu den behördlichen Vorschriften mit 2 000 000 kg/qcm einzuführen.

Wenn aus konstruktiven Gründen eine andere Verteilung der Zug- und der Biegungsbeanspruchungen erwünscht ist, so ist σ_b zu berechnen und $\sigma_z = k_z - \sigma_b$ zu nehmen. Wird ein kleiner Trommeldurchmesser angestrebt, so ist die Zugspannung σ_z als etwa ein Drittel, die Biegungsspannung σ_b als zwei Drittel der Gesamtspannung k_z zu wählen[1].

Das Eigengewicht des Seiles gilt als belanglos, und es wird sein Einfluß bei der Rechnung deshalb vernachlässigt.

In der Regel werden indessen die Seile aus praktischen Gründen stärker gewählt, als die Vorschriften es verlangen; man findet häufig eine rund 20 fache Sicherheit auf Zug allein[2].

Die Bemessung der Aufzugseile erscheint damit reichlich und ist es auch, wie die späteren Zahlenbeispiele für besonders ungünstige Belastungsfälle noch bestätigen werden.

B. Berechnung der Förderseile nach den Vorschriften.[3]

Man benutzt die von den Seilfabriken zusammengestellten Tabellen über Förderseile und wählt ein Seil aus, das für die statische Belastung bei der Seilfahrt eine mindestens 9 fache, bei der Materialfahrt eine rund 6 fache Sicherheit dauernd gewährt (Endsicherheit).

---

[1] 49), 51). [2] 19), S. 127. [3] 20), 44), 45), 46).

Da man das Seileigengewicht G_l zunächst nicht kennt, so sucht man durch Probieren den richtigen Seilquerschnitt F. Die Schlußkontrolle muß dann zeigen, ob bei dem gewählten Seile die erforderliche Sicherheit vorhanden ist, d. h. ob die Formeln erfüllt sind:

$$\mathfrak{S} = \frac{F\,K_z}{G + G_l} \cdots 9 \text{ für die Seilfahrt}$$

$$\mathfrak{S} = \frac{F\,K_z}{G' + G_l} \cdots 6 \text{ für die Massenfahrt,} \qquad \cdots \cdots 3)^4)$$

worin $\mathfrak{S}$ die Anfangssicherheit (die zur Berücksichtigung des Tragkraftverlustes durch Abnutzung, Drahtbruch, Rost usw. erfahrungsgemäß um etwa 10 bis 20 % höher sein muß als die vor dem Ablegen des Seiles noch mindestens erforderliche Endsicherheit), und wobei G das Personengewicht zuzüglich des Eigengewichtes des Förderkorbes mit den Türen und G' das Massengewicht (ev. der Berge) einschließlich des Förderkorbes mit den Wagen bedeutet; auch das etwa vorhandene Unterseil ist in das Lastgewicht einzubeziehen, besonders wenn dasselbe für den laufenden Meter schwerer ist als das Förderseil (höchste Korbstellung maßgebend).

Bei der Wahl des Drahtdurchmessers geht man, um ein zu schnelles Durchscheuern der äußeren Seildrähte zu vermeiden, nicht gern auf zu kleine Werte herab; nach oben hin schreiben die konstruktiven Verhältnisse des mechanischen Teiles der Maschine und oft auch die Normalien für die Umdrehungszahlen der Antriebsmotoren die Grenze vor. Die Bestimmung der Drahtstärke und des Trommeldurchmessers wird im allgemeinen so vorgenommen, daß dieser gleich dem etwa 1000 fachen Drahtdurchmesser (in Österreich 1300 fachen) oder mindestens gleich dem 100- bis 120 fachen Seildurchmesser ist. Wenn die Anlagebedingungen dazu drängen und es sonst als zulässig gelten kann, begnügt man sich äußerst auch noch mit dem 500 fachen Draht- bzw. mit dem 70 fachen Seildurchmesser.

Die Drahtstärke beträgt für runde Förderseile bei großer Fördergeschwindigkeit und großem Trommeldurchmesser 2 bis 3 mm[2]).

---

[4]) Prof. Herbst schreibt die Formel $F = \dfrac{G}{\dfrac{K_z}{\mathfrak{S}} - \gamma l}$, die das Auffinden des passenden Drahtquerschnittes bei richtiger Wahl des spezif. Seilgewichtes erleichtern kann.

[2]) 17). Hütte, des Ingenieurs Taschenbuch, 21. Aufl.

Dementsprechend entsteht im Seile neben der reinen Zuganstrengung die Biegungsspannung nach Gleichung 2)

$$\sigma_b = \frac{\beta \delta E}{2R} = \frac{3}{8} \cdot 2\,000\,000 \cdot \frac{\delta}{2R};$$

bei einem Trommeldurchmesser gleich der 1000 fachen Drahtstärke

$$\sigma_b \backsim 750 \text{ kg/qcm},$$

bei der 500 fachen Drahtstärke

$$\sigma_b \backsim 1500 \text{ kg/qcm.}[1])$$

Wird hierbei mit dem Bachschen Werte $^3/_8$ gerechnet, weil es noch allgemein üblich ist, so soll doch erwähnt werden, daß Isaacksen empfohlen hat, für Seile, die stets nach einer Richtung gebogen werden und sich nicht um ihre Achse drehen können, den Wert $^1/_2$ an Stelle von $^3/_8$ und für Seile, die nach entgegengesetzten Richtungen gebogen werden, den Wert 1 einzuführen[2]). Nach neueren Versuchen von Benoit ist auch dieser Faktor wohl noch zu gering[3]).

Der Modul E ist mit 2 000 000 kg/qcm eingesetzt worden, um hier nach dieser Richtung hin die Vergleichsrechnungen für die Aufzüge und für die Fördermaschinen auf dieselbe Grundlage zu stellen. Später wird mit dem für Seildrähte nach Versuchen in der Regel zu erwartenden Elastizitätsmodul im Mittel $E = 2\,150\,000$ kg/qcm gerechnet werden.

Wenn die Bruchfestigkeit für das Stahlmaterial der Seile zwischen 12000 und 20000 kg/qcm schwankt, so ist die für die Seilfahrt zulässige Beanspruchung 1335 bis 2220 kg/qcm bei 9 facher Sicherheit, und die Gesamtspannung steigt infolge der Biegung der Seildrähte auf 1335 + 1500 = 2835, bzw. auf 2220 + 750 = 2970 kg/qcm unter der Voraussetzung, daß man nur bei den Seilen mit 12 000 kg/qcm Festigkeit auf den 500 fachen Durchmesser für die Trommel oder die Leitrolle herabgeht.

Die Sicherheit sinkt also auf die Werte $\dfrac{12\,000}{2835} = 4{,}2$ bzw. $\dfrac{20\,000}{2970} = 6{,}7$ für diese ungünstigen Fälle.

Es soll freilich nicht unerwähnt bleiben, daß diese Verhältnisse nicht etwa für alle Fördermaschinen Platz greifen — verwendet man

---

[1]) Auch durch das Schleudern des Seiles im Schachte werden die Seildrähte stark auf Biegung beansprucht.

[2]) 50).

[3]) 38).

doch Köpescheiben bis 10 m Durchmesser, bei denen $\frac{\delta}{2\,R}$ noch unter $\frac{1}{3000}$ liegen kann — und daß auch manche Konstrukteure die dynamischen Zusatzspannungen bei der Beschleunigung bis zu einem gewissen Grade berücksichtigen, wie es auch im Taschenbuch der Hütte empfohlen wird[1]).

Immerhin zeigt die Rechnung, daß die Biegungsbeanspruchung die Sicherheit stark herabdrücken kann, weshalb ein Außerachtlassen dieses Einflusses bei der Bemessung der Seile nicht berechtigt erscheint.

Es liegt selten Veranlassung vor, den Sicherheitsgrad bei Förderseilen über den zulässigen Wert wesentlich zu erhöhen, weil der Konstrukteur bei den großen Lasten, die noch durch die Eigengewichte der mehrere Hundert Meter langen Seile stark erhöht werden, ohnehin auf reichlich große Durchmesser (bis über 60 mm) hingedrängt wird. Wenn die Sicherheit bei der Berechnung der Seile trotzdem hie und da noch etwas höher gewählt wird, als die Vorschriften es verlangen, so geschieht das meist zur Vorsicht, damit auch bei Ausführungsgewichten für Korb und Seil, die etwas größer ausfallen als die der ersten Berechnung, die vorgeschriebene Mindestsicherheit bei der Abnahme der Förderanlage auf alle Fälle vorhanden ist.

Daß die den Vorschriften entsprechende rein statische Berechnung der Förderseile ein wahres Bild der Materialanstrengungen nicht gibt, ist allgemein bekannt. Eine solche einseitige Rechnung kann trotzdem auch zulässig sein, wenn die in der Rechnung nicht berücksichtigten Nebenspannungen durch Biegung usw. und solche durch Stöße und Schwingungen bei der Wahl des Sicherheitsfaktors gebührend eingeschätzt worden sind. Das ist aber nicht der Fall und kann auch bei der großen Verschiedenheit der Förderbedingungen in Abhängigkeit von der Teufe nicht in der einen Zahl des Sicherheitsfaktors für alle Seile gleichwertig zum Ausdruck gebracht werden; schwanken doch die Fördergeschwindigkeiten zwischen 1 m/sec und 20 m/sec, neuerdings bis 32 m/sec[2]) für Maschinen mit reiner Produktenförderung, die Seillasten zwischen etwa 1000 und mehr als 25 000 kg und die Teufen zwischen weniger als 100 und mehr als 1000 m.

---

[1]) S. auch 45), S. 67 ff.; in Amerika hat man vorgeschlagen, zur Berücksichtigung der dynamischen Beanspruchungen 10 % der statischen Spannung zu dieser zuzuschlagen.

[2]) 45), S. 14.

C. Berechnung der Zugspannungen im Seile für verschiedene Belastungsannahmen.

Die folgenden Formeln, die für elastische Stäbe gelten und zum Teil in den Werken über Mechanik und Festigkeitslehre abgeleitet sind, sollen hier für das Drahtseil übernommen werden mit der Maßgabe, daß bei der Berechnung von Dehnungen an Stelle des Elastizitätsmoduls des Drahtmaterials derjenige des Seiles einzuführen ist. Der Modul E für das Seil ist nach Versuchen von Hrabak[1]), wenn der Elastizitätsmodul des Drahtmaterials 2 150 000 kg/qcm beträgt, für neue, einmal geflochtene Drahtseile mit $E = 0,6 \cdot 2\ 150\ 000$ kg/qcm, für neue, zweimal geflochtene mit $0,6^3 \cdot 2\ 150\ 000$ kg/qcm und für neue, dreimal geflochtene mit $E = 0,6^3 \cdot 2\ 150\ 000$ kg/qcm anzunehmen.

Bei den im Förderbetrieb verwendeten zweimal geflochtenen Drahtseilen würde danach $E = 775\ 000$ kg/qcm in Frage kommen, aber auch nur für die erste Zeit des Aufliegens. Erfahrungsgemäß steigt dieser Elastizitätsmodul schnell auf höhere Werte, die sehr bald den etwa doppelten Betrag $E = 1\ 550\ 000$ kg/qcm erreichen.

Die Abhängigkeit der Festigkeit vom Drahtdurchmesser soll hier nicht berücksichtigt werden, weil ihr Einfluß nicht wesentlich ist; ebenso muß von den Vorspannungen, die sich in den Seildrähten bei der Herstellung der Seile ausbilden, abgesehen werden.

Wie bei der Berechnung elastischer Stäbe wird vorausgesetzt, daß die Dehnungen für den ganzen, der Rechnung zugrunde gelegten Bereich streng nach dem Hookeschen Gesetz verlaufen und die Spannkräfte P sich gleichmäßig über den tragenden Querschnitt F, der mit $\dfrac{z \pi \delta^2}{4}$ eingeführt werden kann, ausbreiten, so daß für die Spannung $\sigma = \dfrac{P}{F}$ gesetzt werden kann.[2])

---

[1]) 1).

[2]) Versuche haben ergeben, daß einige Zeit gebrauchte Seile eine höhere Festigkeit aufweisen als neue, weil die Drähte sich im Betrieb so umgelagert haben, daß sie sich nunmehr gleichmäßig an der Lastübernahme beteiligen.

I. Die statische Beanspruchung des geraden, masselos gedachten Seiles.

a) Die Einzellast am unteren Ende des Seiles.

Die bei der Last G in allen Querschnitten des Seiles herrschende Spannkraft ist

$$P = G, \text{ die Zugspannug } \sigma = \frac{G}{F} = \frac{P}{F}, \quad \ldots \ldots \quad 4)$$

Die Abwärtsbewegung des um die Strecke x vom Aufhängepunkt entfernten Querschnittes infolge der Dehnung des Seiles unter der Last G ist

$$s_x = \frac{P\,x}{F\,E} = \frac{G\,x}{F\,E}, \quad \ldots \ldots \ldots \quad 5)$$

für die Seillänge l ist die Längenänderung

$$s_l = \frac{P\,l}{F\,E}$$

und umgekehrt die Spannkraft

$$P = \frac{s_x}{x} \cdot F\,E = \varepsilon\,F\,E \quad \ldots \ldots \ldots \quad 6)$$

Die Dehnung ε ist als spezifische Längenänderung pro cm für alle Seilteile konstant

$$\varepsilon = \frac{s_x}{x} = \frac{s_l}{l} = \frac{G}{F\,E}.$$

Die Deformationsarbeit für die Seillänge x ist

$$D_x = \int_0^{s_x} P\,ds = \frac{P\,s_x}{2} = \frac{G\,s_x}{2}$$

und für die ganze Seillänge

$$D_l = \frac{P\,s_l}{2} = \frac{G\,s_l}{2} \quad \ldots \ldots \ldots \quad 7)$$

Die durch die behördlichen Vorschriften für Aufzugseile festgelegte Berechnungsart berücksichtigt nur diese statischen Spannungen (Gl. 4) und daneben die Biegungsspannungen (Gl. 2).

b) Das Eigengewicht des Seiles als gleichmäßig verteilte Last.

Bei der Berechnung der Förderseile werden neben der statischen Spannkraft infolge der Korblast nur noch die statischen Spannkräfte infolge des Eigengewichtes in Betracht gezogen.

Zählt man die Seillängen vom untern Ende nach dem Aufhängepunkt zu, so ist bei dem Gewicht γ der Raumeinheit des Seiles in kg
(bezogen auf das Produkt aus Längeneinheit mal Drahtquerschnitts-
einheit) die Spannkraft im Querschnitt x

$$P_x = \gamma F x = G_x \text{ (Gerade)}, \quad \ldots \ldots \quad 8)$$

und im obersten Seilquerschnitt ist

$$P_o = \gamma F l = G_l \quad . \; . \; \ldots \ldots \quad 9)$$

Dabei wird ein Seilstück dx gedehnt um

$$ds = \frac{P_x \, dx}{F E},$$

also der untere Seilteil x um

$$s_x = \frac{\gamma}{E} \int_0^x x \, dx = \frac{\gamma x^2}{2 E} \text{ (Parabel)} . \quad \ldots \ldots \quad 10)$$

und das ganze Seil um $s_l = \dfrac{\gamma l^2}{2 E} = \dfrac{P_o l}{2 E F} \quad . \; . \; \ldots \ldots \quad 11)$

Die Dehnung ε_0 am Aufhängepunkt ist

$$\varepsilon_o = \frac{ds}{dx} = \gamma \frac{F l \, dx}{F E \, dx} = \frac{\gamma l}{E}.$$

Die Berücksichtigung der zu diesen statischen noch hinzutreten-
den, dynamischen Beanspruchungen wird weder in den Vorschriften
für die Aufzugsseile, noch in denen für die Förderseile verlangt. Und
doch können diese dynamischen Spannungen gerade bei den Förderseilen sehr groß ausfallen, wie die weiteren Darlegungen zeigen werden.

2. Die dynamische Beanspruchung des masselos gedachten Seiles.

a) Die Schwingungsgleichungen und ihre graphische Darstellung.

Dynamische Beanspruchungen, verbunden mit Schwingungen,
treten auch in den Seilen der Aufzüge und Fördermaschinen auf,
wie sie in elastischen Körpern ganz allgemein bei jeder Änderung
der auf sie einwirkenden Kräfte entstehen.

So schwingt der Fahrkorb mit seinem Seile beim Beladen und
beim Entladen, wenn er nicht auf einer Aufsatzvorrichtung steht;
dann beim Anfahren und beim Bremsen der Maschine und mehr noch,
wenn das fast entlastete Seil des auf einer Aufsatzvorrichtung stehenden Korbes plötzlich durch die Last des Korbes, durch das Eigengewicht
des Unterseiles oder durch die Beschleunigungskraft beansprucht wird.
Die stärksten Schwingungen werden durch Störungen des Betriebes
hervorgerufen.

Die Schwingungen des Seiles mit dem Förderkorb sind oft so heftig, daß sie auch noch nach der mehrere Sekunden währenden Anfahrperiode bei der Fahrt mit konstanter Geschwindigkeit andauern, und sie können bei kurzen Fahrzeiten wieder verstärkt werden durch die Kraftänderungen der Verzögerungsperiode.

Wenn man von der Massenträgheit des Seilmaterials, von der bei den Schwingungen auftretenden inneren Reibung im Seile und von der äußeren des Korbes absieht, so werden die Korbschwingungen an einem solchen elastischen Faden, wie man sie durch einen an der Korbmasse befestigten Schreibstift auf einem horizontal gleichförmig bewegten Papierstreifen aufzeichnen lassen kann, ihrem Charakter nach durch die auf der Tafel im Anhang in Fig. 1 und 2 gegebenen Sinuslinien dargestellt.

Unter diesen Voraussetzungen gilt bei Seilverlängerungen innerhalb des Proportionalitätsbereiches für jeden Augenblick der Bewegung die dynamische Grundgleichung

$$M \cdot \frac{d^2 s}{d t^2} = -c s \quad \ldots \ldots \ldots \quad 12)$$

In ihr bedeuten $-cs$ die von der Elastizität des Fadens herrührende, der Massenauslenkung s proportionale, aber entgegengesetzt gerichtete Kraft, M die Masse der Einzellast, c eine Konstante und t die Zeit. Die Auslenkung s ist dabei von der statischen Gleichgewichtslage (in Fig. 1 von der ausgezogenen Abszissenachse) aus gerechnet, also bei senkrecht schwingender Korbmasse von derjenigen Lage der Last, die infolge der statischen Verlängerung s_0 des Seiles durch das Lastgewicht entsteht.

Die Lösung[1]) der Gleichung 12) lautet

$$s = B \sin a t + C \cos a t, \quad \ldots \ldots \ldots \quad 13)$$

wobei B und C die Integrationskonstanten sind, die sich aus den gegebenen Anfangsbedingungen des Schwingungsprozesses ermitteln lassen.

Die Bedeutung und den Wert des Buchstabens a gewinnt man, wenn man Gleichung 13) zweimal differentiiert und den dabei erhaltenen Wert

$$\frac{d^2 s}{d t^2} = -a^2 (B \sin a t + C \cos a t) = -a^2 s$$

---

[1]) 8), 10).

mit der Gleichung 12) in der Form

$$\frac{d^2 s}{d t^2} = - \frac{c}{M} \cdot s$$

vergleicht.

Danach ist $\qquad a^2 = \frac{c}{M}$ oder $a = \sqrt{\frac{c}{M}}$ . . . . . . 14)

Zählt die Zeit t von dem Augenblick an, in dem die Last die statische Gleichgewichtslage durchschreitet, so nimmt Gleichung 13) die einfachere Form

$$s = A \sin a t \qquad . . . . 15)$$

an, in der A die Amplitude der Schwingung ist.

Fig. 1, II gibt eine solche Sinoide graphisch wieder, und die Kurve I ist entstanden durch das Auftragen von Ordinaten, die aus Gleichung 13) berechnet sind. Die im Abstand der statischen Dehnung s_0 von der Abszissenachse gestrichelt gezeichnete Horizontale hat als Zeitachse zu gelten, wenn bei vertikal schwingender Masse die Schwerkraft mitwirkt und die Längenänderungen von der wahren Nullage bei entspanntem Faden aufgetragen werden sollen.

Fig. 2 zeigt, wie die Kurve I in Fig. 1 auch graphisch durch das Superponieren der beiden Schwingungen I, nämlich $s_1 = B \sin a t$, und II, nämlich $s_2 = C \cos a t$, als Kurve III ermittelt werden kann, und bringt damit auch die Werte B und C als Amplituden der Einzelschwingungen.

Diese Kurven geben aber nicht nur Aufschluß über die Bewegungen der Einzelmasse M, ihre Ordinaten gelten, an passenden Maßstäben gemessen, auch für die Dehnungen und somit auch für die Spannungen in den Seilquerschnitten.

Ist die Geschwindigkeit v_0 zur Zeit $t = 0$, mit der die Masse durch die Gleichgewichtslage $s = 0$ hindurchgeht, als größte Geschwindigkeit bekannt, so läßt sich die Maximalauslenkung s_{max} als Amplitude A der Schwingung mit Hilfe der Gleichung 15) berechnen.

Die erste Ableitung des Massenweges s nach der Zeit t, also $\frac{d s}{d t} = a A \cos a t = v$, ist allgemein die Geschwindigkeit der schwingenden Masse, und ihr Höchstwert v_0 folgt hieraus, wenn $\cos a t = 1$ gesetzt wird, als $v_0 = a A$, sodaß

$$s_{max} = A = \frac{v_0}{\sqrt{\dfrac{c}{M}}} \quad \text{wird.} \qquad . . . . . 16)$$

Innerhalb des Proportionalitätsbereichs gilt beim elastischen Faden für die Spannkraft

$$P = c s$$

und für die Längung des Fadens von der Länge l und dem Querschnitt F $s = \dfrac{P l}{F E}$.

Es folgt $c = \dfrac{F E}{l}$, und damit wird die größte im Faden auftretende dynamische Spannkraft

$$P_{max} = c s_{max} = \frac{F E}{l} \cdot v_0 \sqrt{\frac{M}{c}} = v_0 \sqrt{\frac{F^2 E^2 G l}{l^2 g F E}},$$

$$P_{max} = v_0 \sqrt{\frac{G F E}{g l}} \quad . \quad . \quad . \quad . \quad . \quad . \quad . \quad . \quad 17)$$

Hierzu ist bei Seilen, die in senkrechter Richtung longitudinal schwingen, die statische Spannkraft G zu addieren.[1]

Im übrigen sind die Schwingungsgleichungen 13) und 15) besonders zu benutzen, wenn Geschwindigkeiten oder Zeiten ermittelt werden sollen. Da das für die vorliegende Aufgabe nicht eigentlich in Betracht kommt, soll nicht weiter hierauf eingegangen werden.

b) Die Beanspruchung eines ruhenden masselosen Seiles, gegen dessen unteres Ende eine bewegte Last stößt.

1. Das Seil ist vor dem Auftreten des Stoßes spannungsfrei.

Fängt man mit dem unteren Ende eines spannungsfrei hängenden, masselosen elastischen Fadens eine beim Stoßbeginn mit der Geschwindigkeit v_0 fallende Last G auf, so lautet die Arbeitsgleichung für den Augenblick, in dem die größte Gesamtdehnung s_v und damit momentane Ruhe eintritt:

$$\frac{G v_0^2}{2 g} + G s_v = \frac{P s_v}{2},$$

wobei P die größte, bei der ersten Schwingung in jedem Querschnitt auftretende Spannkraft ist, die zu der auch mit Gleichung 7) schon erwähnten Deformationsarbeit $\dfrac{P s_v}{2}$ gehört. Da $s_v = \dfrac{P l}{E F}$ die größte Längenänderung des Seiles ist, so gibt die Auflösung der quadratischen Gleichung für P unter Benutzung des nur brauchbaren positiven Vorzeichens vor dem Wurzelwert:

$$P = G \left(1 + \sqrt{1 + v_0^2 \frac{F E}{G g l}} \right) \quad . \quad . \quad . \quad . \quad 18)$$

---

[1] S. auch unter c) S. 22 für dieselbe Belastungsart.

Diese Formel zeigt, daß die das Seil beanspruchende Kraft in jedem Falle größer als $2G$ ausfällt; der Zuschlag durch den zweiten Teil des Wurzelwertes wird um so erheblicher, je größer v_0 und je kleiner die beanspruchte Seillänge l ist.

Wenn Keck empfiehlt[1]), die Formel 18) in eine dem Wert

$$P = G \sqrt{\frac{v_0^2 F E}{G g l}} = v_0 \sqrt{\frac{G F E}{g l}}$$

entsprechende Gleichung zu vereinfachen, und die Benutzung dieses mit Gleichung 17) übereinstimmenden Wertes gerade auch zur Berechnung der Schwingungsspannungen in Seilen vorschlägt, so kann das doch nur für kurze Seile oder für angenäherte Rechnungen gutgeheißen werden; bei Förderseilen mit Längen bis 1000 m und mehr kann die Vernachlässigung der beiden Glieder Ungenauigkeiten mit sich bringen, die mehr als 30 % des richtigen Wertes betragen.

Es ist deshalb ratsam, die Formel 18) beizubehalten, um so mehr, als das Mitführen der beiden ersten Glieder fast keinen Rechenaufwand mit sich bringt.

Schließlich mag nochmals darauf hingewiesen werden, daß alle Seilquerschnitte die gleiche Spannkraft P zu übertragen haben, während die Längenänderungen den von oben her gerechneten Seilstrecken, für die sie gelten sollen, proportional und die Dehnungen für alle Seilteile konstant sind.

Für den Sonderfall, daß man die Last plötzlich mit voller Größe, aber mit der Geschwindigkeit $v_0 = 0$ an dem Faden angreifen läßt, folgt aus Gleichung 18)

$$P = 2G \quad \ldots \ldots \ldots \ldots \quad 19)$$

als größte Spannkraft, die in allen Querschnitten zu gleicher Zeit auftritt.

2. Das Seil trägt vor dem Auftreten des Stoßes bereits eine Last G_1.

Das zuerst ruhende Seil trägt bereits eine Last G_1, eine Last G_2 stößt mit der abwärtsgerichteten Geschwindigkeit v_0 longitudinal auf das untere Seilende oder auf die dort befindliche Last G_1.

Dieser Belastungsfall kann eintreten, wenn ein im Schachte sich loslösender Gegenstand oder ein Förderwagen durch die obere Schachttür auf den vor dem Füllort hängenden Korb stürzt.

---

[1]) 7). Bd. II, S. 115.

Die Arbeitsgleichung für den Augenblick, in dem die statische Längenänderung s_0 in die größte Seillängung s_v übergegangen ist, lautet dann:

$$\frac{G_2 v_0^2}{2g} + (G_1 + G_2)(s_v - s_0) = \frac{P s_v}{2} - \frac{G_1 s_0}{2}.$$

Die Auflösung dieser Gleichung bringt nach Einführung der Längenänderungen

$$s_v = \frac{P l}{F E} \quad \text{und} \quad s_0 = \frac{G_1 l}{F E}$$

die Spannkraft $\quad P = G_1 + G_2\left(1 + \sqrt{1 + \frac{v_0^2 F E}{G_2 g l}}\right) \quad . \quad . \quad . \quad . \quad$ 20)

Formel 18) geht hieraus hervor, wenn man $G_1 = 0$ setzt. Von den Stoßerscheinungen an den Berührungsstellen der beiden Massen ist abgesehen und damit von den hierbei stattfindenden Energieverlusten.

c) Die Beanspruchung eines mit der Einzellast gleichförmig bewegten masselosen Seiles bei plötzlichem Festhalten eines Seilendes.

Befindet sich ein Seil mit der Last G in Abwärtsbewegung mit der gleichförmigen Geschwindigkeit v_0, wobei die Dehnung s_0 bereits vorhanden ist, und wird der obere Seilpunkt plötzlich festgehalten, so fällt die auftretende Spannkraft etwas geringer aus, als die Formel 18) angibt.

Dafür gilt beim Eintreten der größten Verlängerung s_v, wenn P wieder die größte Spannkraft einschließlich der statischen bedeutet:

$$\frac{G v_0^2}{2g} + G(s_v - s_0) = \frac{P s_v}{2} - \frac{G s_0}{2},$$

und hieraus kommt mit

$$s_v = \frac{P l}{F E} \quad \text{und} \quad s_0 = \frac{G l}{F E}$$

die Spannkraft $\quad P = G\left(1 + v_0 \sqrt{\frac{E F}{G g l}}\right) \quad . \quad . \quad . \quad , \quad . \quad . \quad$ 21)

Wird bei einem aufwärtslaufenden Seile der Korb durch ein Hindernis im Schachte plötzlich festgehalten, während die in Bewegung befindlichen Massen der Maschine weiterlaufen, so ist als Arbeitsgleichung anzusetzen

$$\frac{M v_0^2}{2} = P \frac{s_v}{2} - G \frac{s_0}{2},$$

wenn unter G die Korblast und unter M die auf den Seillauf reduzierten Massen der Maschine verstanden werden.

So erhält man die Gesamtkraft (einschließlich der statischen)

$$P = \sqrt{\frac{M v_0^2 \, EF}{l} + G^2} \quad \ldots \ldots \ldots \cdot 22)$$

Ein etwa an der Trommel angreifendes Abwärtstrum vergrößert diese Spannkraft noch weiter.

Damit sind die Berechnungsgrundlagen für Aufzugseile, bei denen das Seilgewicht und die Seilmasse vernachlässigt werden können, auch für die dynamischen Beanspruchungen bei Betriebsstörungen gegeben.

Die Fig. 5—8 der Tafel veranschaulichen die Verteilung der Arbeitswerte noch übersichtlicher, als es die voranstehende und die im vorigen Abschnitt b) gegebenen Arbeitsgleichungen schon tun. Es gelten dabei die Fig. 5 für die Formel 19), Fig. 7 für die Formel 18), Fig. 6 für die Formel 21) und Fig. 8 für die Formel 20).

P_s ist dabei die beim Beginn des Schwingungsprozesses im Faden schon vorhandene statische Spannkraft.

Gleichartig schraffierte Flächen entsprechen einander und sind in derselben Figur gleich groß, wie auch die zugehörigen Arbeitswerte es sind, die sie darstellen.

Ferner bedeuten:

n in Fig. 7 den Spannkraftzuwachs infolge der Energie ADC, der zur Spannkraft $G + r$ hinzukommt, weil der Faden beim Stoßbeginn spannungsfrei war,

A in Fig. 5 und 7, BC in Fig. 6, $B'C'$ in Fig. 8 die Gleichgewichtslage vor dem Stoße,

$FBCG$, $FADG$ und $FC'DG$ die zugeführte kinetische Energie der Stoßmasse, BC in Fig. 5 bis 8 die Gleichgewichtslage nach dem Stoße,

$AEHD$ in Fig. 5 und 7, $BEHC$ in Fig. 6, $B'MHD$ in Fig. 8 die Arbeit der Schwere beim Sinken der Lasten um die Längung des Fadens,

ABC die bei der statischen Gleichgewichtslage im Faden enthaltene Deformationsarbeit,

AEJ und AMJ die größte, beim Auftreten der Schwingungsamplitude im Faden enthaltene Deformationsarbeit,

$BEHC$ in Fig. 5, 6, 7 und $BMHC$ in Fig. 8 die zum Zurückheben der Lasten G, bzw. G_1 und G_2 in Fig. 8 in die statische Gleichgewichtslage verbrauchte Energie,

C H J die beim Abklingen der Schwingungen in Reibung und Wärme umgesetzte Arbeit,

E J die größte bei der Schwingung auftretende Spannkraft *P* für Fig. 5, 6, 7 und *M J* für 8,

A E in Fig. 5, 6, 7 und *A M* in 8 die größte Längung s_v des Fadens.

d) Kurze Bemerkungen über gekoppelte und über erzwungene Schwingungen.

Bei dem im vorigen Abschnitt zuletzt erwähnten Belastungsfall treten infolge der Wirkung des Abwärtstrums gekoppelte Schwingungen auf, wenn der eine Korb bei einer Aufwärtsfahrt im Schachte hängen bleibt, so daß die Maschinenmassen und die Masse des zweiten Korbes an demselben Seile des aufgehenden Korbes Spannkräfte ausüben können. Hierbei überwiegt aber die Wirkung der viel größeren Maschinenmassen bei Förderanlagen so erheblich, daß bei Annäherungsrechnungen von der Masse des abwärts laufenden Korbes in den meisten Fällen abgesehen werden kann. Sonst kann der Einfluß dieser Korbmasse auch schätzungsweise durch Vergrößerung der Maschinenmassen genügend berücksichtigt werden. Es erübrigt sich deshalb, auf die Theorie der gekoppelten Schwingungen hier einzugehen.

Ebenso sollen die erzwungenen Schwingungen nicht näher erörtert werden, die durch periodische Kräfte seitens der Antriebsmaschine veranlaßt werden können. Sie sind bei Dampffördermaschinen möglich, weil periodische Kraftwechsel infolge der bei jeder Umdrehung zu- und abnehmenden Tangentialkräfte an der Kurbel die Regel bilden; die Schwingungen können dann aber auch erst mit dem Eintreten der Resonanz von übermäßig großen Spannungen begleitet sein. Da aber zum Ausbilden der Resonanz die dazu erforderlichen Bedingungen bleibende sein müssen, so ist die Gefahr einer starken Spannungserhöhung im Seile nicht sehr wahrscheinlich; wechseln doch die Seillängen, die neben der Tourenzahl der Maschine konstant bleiben müssen, beständig. Bei Aufzügen kommt der Dampfantrieb kaum noch vor, auch aus diesem Grunde interessieren die erzwungenen Schwingungen hier nicht besonders.

e) Andeutungen über den Einfluß der Dämpfung auf die Schwingungen.

Die in den vorigen Abschnitten besprochenen und durch die Fig. 1 und 2 der Tafel dargestellten Schwingungen waren ungedämpfte. In Wirklichkeit tritt bei den Seilen der Aufzüge und der Fördermaschinen Dämpfung durch Reibung auf, die zum Teil eine Funktion der

Geschwindigkeit, zum Teil von ihr unabhängig ist. Dadurch klingen die Schwingungen allmählich ab.

Die innere Reibung des Seiles, die Lagerreibung der Maschine, der Luftwiderstand des Korbes und zum Teil die Reibung der Führungsschuhe des Korbes sind von der Geschwindigkeit abhängig.

Da aber bei den bisher behandelten Schwingungen erfahrungsgemäß die Dämpfung die Amplitude der ersten Schwingungsperiode und damit die größte Spannkraft nur wenig verkleinert, so kann von einer rechnerischen Behandlung des Einflusses der Reibung auf die Schwingungen des masselosen Fadens abgesehen werden.

f) Vergleich der Seilsicherheiten an Hand der bereits genannten Formeln.

Für Förderseile genügen die bisher angeführten Formeln noch nicht. Das Eigengewicht des Seiles übersteigt oft die Größe der Einzellast, es muß deshalb vor allem der Einfluß der Massenträgheit des Seilmaterials auf die Ausbildung der Seilschwingungen berücksichtigt werden.

Die Formeln gestatten aber schon, einen vorläufigen Vergleich zwischen den bei Fördermaschinen und bei Aufzügen in besonderen Fällen auftretenden Seilspannkräften anzustellen.

Benutzt man zur Bestimmung der zusätzlichen dynamischen Spannkräfte, die bei Maschinenbrüchen und plötzlichem Stillstehen der Trommel im Seile entstehen, die Gleichung 17) oder das zweite Glied der Gleichung 21)

$$P = v_0 \sqrt{\frac{G F E}{g l}},$$

so läßt sich, wenn hierbei zur Vereinfachung der Vergleichsrechnungen die Aufzugseile statisch gleich starken Förderseilen gegenübergestellt werden, $G = F k_z$ schreiben, ferner

$$P = \sqrt{\frac{k_z E}{g}} \cdot \frac{v_0 F}{\sqrt{l}};$$

$$P = \frac{c v_0 F}{\sqrt{l}}$$

(unter c die Konstante des ersten Wurzelwertes verstanden) und

$$\sigma = \frac{c v_0}{\sqrt{l}}.$$

Damit wird die Beanspruchung σ bei den nachstehenden Anfangsgeschwindigkeiten v_0 und den Seillängen l:

für Aufzüge	für Fördermaschinen
bei $v_0 = 1,5$ m/sec und $l = 50$ m $\sigma = 2,1\ c$ kg/qcm,	mit $v_0 = 20$ m/sec und $l = 1000$ m $\sigma = 6,3\ c$ kg/qcm[1]),
bei $v_0 = 1$ m/sec und $l = 30$ m $\sigma = 1,8\ c$ kg/qcm,	mit $v_0 = 8$ m/sec und $l = 20$ m $\sigma = 18\ c$ kg/qcm,

d. h. bei Betriebsunfällen ist die Seilbeanspruchung bei Förderseilen viel größer als bei den Tragorganen der Aufzüge.

3. Die dynamische Beanspruchung des Seiles bei Berücksichtigung der Massenträgheit des Seilmaterials.

a) Die übliche Formel für die Beanspruchung bei der Beschleunigung der Seilmasse und der Lastmasse.

Für die Spannung im obersten Querschnitt einer lotrecht aufwärts beschleunigten, mit Masse behafteten Stange, an deren oberem Ende die beschleunigende Kraft angreift, gibt Keck[2]) die Formel

$$\sigma = \gamma l \left(1 + \frac{p}{g}\right) \quad \ldots \ldots \ldots \quad 23)$$

Die Spannung σ nimmt nach dem unteren Ende des Stabes bis auf Null ab, graphisch dargestellt nach einer Geraden.

Diese Formel, in der γ das Gewicht der Raumeinheit des Stabes, l seine Länge und p die Beschleunigung ist, beruht aber auf der Annahme, daß gegenseitige Bewegungen der einzelnen Punkte des Stabes nicht mehr erfolgen, daß vielmehr alle Teile übereinstimmende Geschwindigkeit und Beschleunigung haben.

Eine solche Annahme zu machen, wenn man eine Festigkeitsrechnung für den Stab ausführen will, ist aber falsch und die Formel daher unbrauchbar; denn es entstehen wellenförmig im Stabe sich fortpflanzende Deformationen, die sich in der Hauptsache in der Form von Longitudinalschwingungen der Stabmasse äußern.

Es geht nicht an, die hierbei auftretende, naturgemäß größere Spannung außer acht zu lassen und nach der Formel 23) mit Werten zu rechnen, auf die die Beanspruchungen erst nach dem Abklingen dieser Schwingungen zurückgehen.

Solche Schwingungsspannungen treten in der gleichen Weise bei Förderseilen auf, so daß auch für Seile eine Berechnung nach der obigen Formel nicht zu empfehlen ist.

---

[1]) Oder wenn man bei dieser großen Maschine mit Rücksicht auf das große Seileigengewicht annimmt, daß $G \sim \dfrac{F\,k_z}{2}$ ist, so kommt $\sigma = 4,5\ c$.

[2]) 7). Bd. II, S. 98.

Wenn Bansen[1]) bei der Besprechung der Beschleunigung des Förderkorbes und der üblichen Formel

$$\sigma = \left(1 + \frac{p}{g}\right) k_s,$$

die von Stör[2]) für die Seilspannung bei der Aufwärtsbeschleunigung einer freihängenden Last angegebene Formel

$$\sigma = \left(1 + 2 \cdot \frac{p}{g}\right) k_z \quad . \quad . \quad . \quad . \quad . \quad . \quad 24)^{3})$$

glaubt empfehlen zu müssen, so kann das nicht für alle Fälle gutgeheißen werden, weil der unter Umständen wichtige Einfluß der Seilmasse dabei nicht berücksichtigt wird. Spätere Ableitungen werden die Unterlagen für die Beurteilung der Formeln 23) und 24) bringen.

b) Die Rechnungen von Undeutsch[4]) für das gestoßene, mit Masse behaftete Seil.

Undeutsch behandelt die Fälle, daß das Eigengewicht des Seiles plötzlich, aber ohne Geschwindigkeit in der Seilrichtung, oder daß es mit einer Geschwindigkeit v_0 auf den masselosen Faden gebracht wird, unter der nicht zutreffenden Voraussetzung, daß alle Seilmassenteile bei den dabei entstehenden Schwingungen zu irgendeiner Zeit nur gleichsinnige Bewegungen wie die Punkte eines masselosen Fadens ausführen. Er übernimmt damit unrichtigerweise die im Abschnitt II behandelte Schwingungsform des masselosen Fadens für das Seil mit Masse. Die dabei gewonnenen Resultate sind deshalb nicht verwendbar, und die durchgerechneten Zahlenbeispiele geben kein richtiges Bild von der Größe und der Verteilung der im Seile auftretenden Spannkräfte.

c) Die Formel von Wittenbauer für die gestoßene, mit Masse behaftete Stange.

Für die Berechnung der Längenänderung eines senkrecht hängenden Stabes, gegen dessen unteres Ende eine fallende Last stößt, hat Wittenbauer[5]) in Anlehnung an Zschetzsche[6]) die untenstehende Formel aufgestellt. Sie ist unter der Voraussetzung entwickelt, daß man die statische Deformation durch das Eigengewicht vernachlässigen und daß man bei der Berechnung der Schwingungsamplituden die Masse des Stabes nach seinem unteren Ende reduziert versetzen kann.

---

[1]) 45). III, S. 66. [2]) 48). [3]) k_z ist die statische Beanspruchung.
[4]) 2). S. 27 ff. [5]) 15). Aufg. 572, 589. [6]) 31).

Die Lastmasse stößt dann auf die reduzierte Eigengewichtsmasse, und beide Massen schwingen mit dem masselos gewordenen elastischen Stabe wieder in der bekannten Weise.

Wenn man mit G die in seiner Achsenrichtung auf einen Träger stoßende Last, mit $n \cdot G$ jene ruhende Last, welche die gleiche Längenänderung als statische hervorruft, bezeichnet und n den dynamischen Faktor nennt, der auch als Verhältnis der Längenänderung s_{max} beim Stoße zur statischen Verlängerung $s_0 = \dfrac{G\,l}{E\,F}$ zu

$$n = \frac{s_{max}}{s_0}.$$

erhalten wird: so folgt für die plötzliche Belastung bei der Stoßgeschwindigkeit $v_0 = 0$ der Wert $n = 2$, und für die mit der Geschwindigkeit v_0 infolge der Fallhöhe h auf das untere Ende eines Stabes treffende Last G als größte Längenänderung des Stabes mit dem Eigengewicht G_l wird

$$s_{max} = s_0 \left(1 + \sqrt{1 + \frac{G + G_l/3}{(G + G_l/2)^2} \cdot \frac{2\,E\,F\,h}{l}} \right) \quad \dots \quad 25)$$

angegeben.

Es ist ohne weiteres klar, daß diese Berechnung von derselben unzutreffenden Annahme ausgeht wie die vorher erwähnte von Undeutsch. Die Schwingungen der Masse elastischer Stäbe tragen einen völlig anderen Charakter als diejenigen masseloser Stäbe und weisen hinsichtlich der Spannungsamplituden um so größere Abweichungen auf, je größer die Stabmasse (große Stablänge) im Verhältnis zur Masse der Einzellast am freien Ende des Stabes ist.

Wenn also die eben genannten Ansätze auch für Stäbe mit Eigengewichten, die wesentlich hinter der stoßenden Masse zurückbleiben, in besonderen Fällen mit hinreichender Genauigkeit gelten mögen — also besonders für kurze Stäbe — so spielt bei den Förderseilen die Seilmasse bei ihrer Größe eine so wichtige Rolle, daß der Einfluß der Trägheitswiderstände genauer verfolgt werden muß.

d) Die Differentialgleichungen für die Longitudinalschwingungen der mit Masse behafteten elastischen Stäbe.

Die mathematischen Untersuchungen zeigen, daß sich die infolge eines gegen einen elastischen Stab oder ein Seil in seiner Achsenrichtung ausgeführten Stoßes oder infolge einer gleichgerichteten Krafteinleitung entstehenden Deformationen in Form von Dehnungswellen durch den Stab oder das Seil longitudinal fortpflanzen.

Nach Lorenz[1]) ist, wenn γ das Gewicht der Raumeinheit der Stabmasse bedeutet, die Fortpflanzungsgeschwindigkeit dieser Wellen

$$a = \sqrt{\frac{E\,g}{\gamma}}\,^{2)} \quad \ldots \ldots \ldots \quad 26)$$

Daher ist

$$a = \sqrt{\frac{0,36 \cdot 2\,150\,000 \cdot 981}{0,009}} \sim 290\,000 \text{ cm/sec}$$

für neue Seile bis

$$a = \sqrt{\frac{0,72 \cdot 2\,150\,000 \cdot 981}{0,009}} \sim 410\,000 \text{ cm/sec}$$

für Seile, die längere Zeit im Betrieb gewesen sind, wenn für γ der Mittelwert 0,009 kg/cm³ eingeführt wird und der Elastizitätsmodul der Stahldrähte $E = 2\,150\,000$ kg/qcm beträgt.

Die Einwirkung, die ein Stoß am unteren Ende eines 1000 m langen Seiles ausübt, pflanzt sich also in ca. ⅓ bis ¼ Sek. bis zum Aufhängepunkt hin fort. Bei den bisher betrachteten Schwingungen masseloser Seile war stillschweigend angenommen worden, daß die Stoßwirkung gleichzeitig in allen Punkten des Seiles stattfindet, und zwar mit Recht, weil die Beschleunigung masseloser Fadenteile ohne Zeitaufwand erfolgen kann.

Bei Lorenz[3]) findet sich auch die Ableitung der nachstehenden Differentialgleichungen für die Schwingungsbewegung der Stabelemente, in denen die einzelnen Buchstaben die bekannte Bedeutung haben, im besonderen s wieder die Deformationswege, x die Koordinaten des betrachteten Stabpunktes und t die Zeiten sind.

Für die Verschiebung eines Stabelementes (s. Tafel, Fig. 3 u. 4) spielen seine Lage und die Zeit eine Rolle. Die Spannkräfte an den beiden senkrecht zur Stabachse liegenden Endflächen eines Elementes können nicht mehr gleich groß sein, wie es beim masselosen Stabe der Fall war, da die Resultierende dieser beiden Spannkräfte die durch die Fortpflanzung der Deformationen bedingte Beschleunigung der Masse des Elementes erzeugen muß.

Es gilt für vertikal hängende Stäbe unter der beschränkenden Annahme, daß die Wirkung der Schwerkraft und jede Dämpfung

---

1) 10). Bd. IV, S. 57.
2) S. S. 70 bezügl. E S. 15.
3) 10). Bd. IV, § 5.

bei der Rechnung ausgeschaltet werden, und für Stäbe mit horizontal gerichteter Achse, die ungedämpft schwingen, die Gleichung

$$dm \cdot \frac{\partial^2 s}{\partial t^2} = dx \cdot \frac{\partial^2 s}{\partial x^2} \cdot FE, \quad \ldots \ldots \ldots 27)$$

die nach Einführung von $F\,dx \cdot \dfrac{\gamma}{g}$ für dm und a^2 für $\dfrac{Eg}{\gamma}$ in die andere Form der Schwingungsgleichung

$$\frac{\partial^2 s}{\partial t^2} = a^2 \cdot \frac{\partial^2 s}{\partial x^2} \quad \ldots \ldots \ldots 28)$$

übergeht.

Soll die bei senkrecht hängenden Stäben einwirkende Schwerkraft berücksichtigt werden, so ist die Schwingungsgleichung zu schreiben:

$$dm \cdot \frac{\partial^2 s}{\partial t^2} = dx \cdot \frac{\partial^2 s}{\partial x^2} \cdot FE + dm \cdot g \quad \ldots \ldots 29)$$

oder in der Form

$$\frac{\partial^2 s}{\partial t^2} = a^2 \cdot \frac{\partial^2 s}{\partial x^2} + g \cdot \quad \ldots \ldots \ldots 30)$$

Etwa nebenher vorhandene statische Spannungen sind zu den mit Hilfe dieser Gleichungen zu ermittelnden Spannungen zu addieren.

Auf Drahtseile allgemein anwendbare Lösungen der partiellen Differentialgleichung 30) mit der Störungsfunktion g sind in der Literatur bisher nicht gegeben; auch bei den verwandten Lösungen der Gleichung für schwingende Saiten, die häufig und ausführlich behandelt ist, wird von der Schwerkraft abgesehen.

So vernachlässigt auch die auf Förderseile zugeschnittene Lösung der Aufgabe von Perry[1]) die Wirkung der Schwerkraft. Love[2]) sieht ebenfalls von der Schwere ab, wenn er die Stoßmasse mit der Geschwindigkeit v_0 longitudinal gegen das Ende eines Stabes treffen läßt; nur für den Sonderfall $v_0 = 0$ berücksichtigt er den Einfluß der Schwere.

Es sollen nun die Ergebnisse von Perry und die von Love mitgeteilt werden.

---

[1]) 12).

[2]) 11). § 281, § 283.

e) Ergebnisse der Lösung der Differentialgleichung bei Vernachlässigung der Schwere für das gleichförmig mit einer Einzellast abwärts bewegte Seil, dessen oberes Ende plötzlich festgehalten wird.

1. Die Werte von Perry.[1])

Es bewegen sich die Stoßmasse und zugleich die Seilmasse mit der abwärts gerichteten Geschwindigkeit v_0 in dem Augenblick, in dem das obere Seilende plötzlich festgehalten wird.

Perry geht für diese Bedingungen bei seinen Rechnungen von der bei Vernachlässigung der Schwere geltenden Schwingungsgleichung 28)

$$\frac{\partial^2 s}{\partial t^2} = a^2 \cdot \frac{\partial^2 s}{\partial x^2}$$

aus und benutzt die allgemeine Lösung

$$s = f(at - x) + F(at + x) \quad . \quad . \quad . \quad . \quad . \quad 31)$$

Für diese bestimmt er die Funktionen f und F.

Die mathematischen Entwicklungen bringen für die Deformationswellen, die durch das Seil wandern und an den Seilenden immer wieder reflektiert werden, als Resultate die dynamischen Dehnungen ε (die keine statischen Dehnungen enthalten) und die Korbgeschwindigkeit v.

Aus den Dehnungen ε folgen die nachstehenden Spannungen σ durch Multiplikation mit dem Elastizitätsmodul E.

In den Formeln ist a der aus dem vorigen Abschnitt her bekannte Wert $\sqrt{\dfrac{Eg}{\gamma}}$ (s. Gleichung 28) und nach Gleichung 26) die Geschwindigkeit, mit der sich die Deformationswellen durch einen Stab — hier durch das Seil — fortpflanzen. l bedeutet die Seillänge von der oberen Einspannstelle bis zur Last am unteren Ende des Seiles, m_0 ist eine Verhältniszahl, die man erhält, wenn man die Masse bzw. das Gewicht der Einzellast (Fahrkorb) am unteren Ende des Seiles durch die Seilmasse bzw. das Seilgewicht dividiert.

Die Schreibweise $2\,l < at < 4\,l$ deutet an, daß die dahinter verzeichnete Formel für den Zeitbereich gilt, der beginnt, nachdem die Schwingungsbewegung sich vom festgehaltenen Seilende ausgehend bis zum Korbe und wieder zurück zum oberen Ende fortgepflanzt hat, und der aufhört, nachdem die Deformationswelle das Seil viermal auf und ab gelaufen ist. Diese Erklärung paßt, sinngemäß übertragen, auch für die übrigen Bereiche.

---

[1]) 12).

Intervall	Spannung σ_o am oberen Seilende
$0 < at < 2l$	$\sigma_o = \dfrac{E v_0}{a}$
$2l < at < 4l$	$\sigma_o = E\left\{-\dfrac{v_0}{a} + \dfrac{4v_0}{a}\cdot e^{-\frac{(at-2l)}{m_0 l}}\right\}$
$4l < at < 6l$	$\sigma_o = E\left\{\dfrac{v_0}{a} + \dfrac{4v_0}{a}\cdot e^{-\frac{(at-2l)}{m_0 l}} - \dfrac{8v_0}{m_0 a l}(at-4l)\,e^{-\frac{(at-4l)}{m_0 l}}\right\}$
$6l < at < 8l$	$\sigma_o = E\left\{-\dfrac{v_0}{a} + \dfrac{4v_0}{a}\cdot e^{-\frac{(at-2l)}{m_0 l}} - \dfrac{8v_0}{m_0 a l}(at-4l)\,e^{-\frac{(at-4l)}{m_0 l}} + \dfrac{4v_0}{a m_0^2 l^2}\left[2(at-6l)^2 - 2m_0 l(at-6l) + m_0^2 l^2\right]e^{-\frac{(at-6l)}{m_0 l}}\right\}$
$8l < at < 10l$	$\sigma_o = E\left\{\dfrac{v_0}{a} + \dfrac{4v_0}{a}\cdot e^{-\frac{(at-2l)}{m_0 l}} - \dfrac{8v_0}{m_0 a l}(at-4l)\,e^{-\frac{(at-4l)}{m_0 l}} + \dfrac{4v_0}{a m_0^2 l^2}\left[2(at-6l)^2 - 2m_0 l(at-6l) + m_0^2 l^2\right]e^{-\frac{(at-6l)}{m_0 l}} - \dfrac{16}{3}\dfrac{v_0}{a m_0^3 l^3}\left[(at-8l-m_0 l)^3 + m_0^3 l^3\right]e^{-\frac{(at-8l)}{m_0 l}}\right\}$

32)

Intervall	Spannung σ_u am unteren Seilende
$0 < at < l$	$\sigma_u = 0$
$l < at < 3l$	$\sigma_u = E\left\{\dfrac{2v_0}{a}\cdot e^{-\frac{(at-l)}{m_0 l}}\right\}$
$3l < at < 5l$	$\sigma_u = E\left\{\dfrac{2v_0}{a}\cdot e^{-\frac{(at-l)}{m_0 l}} - \dfrac{2v_0}{m_0 l}\left[2(at-3l) - m_0 l\right]e^{-\frac{(at-3l)}{m_0 l}}\right\}$

33)

Intervall	Spannung σ_u am unteren Seilende
$5l < at < 7l$	$\sigma_u = E \left\{ \dfrac{2 v_0}{a} \cdot e^{-\frac{(at - l)}{m_0 l}} - \right.$
	$- \dfrac{2 v_0}{m_0 a l} [2(at - 3l) - m_0 l] e^{-\frac{(at - 3l)}{m_0 l}} + \dfrac{2 v_0}{a m_0^2 l^2}$
	$\left. \cdot [2(at - 5l)^2 - 4 m_0 l (at - 5l) + m_0^2 l^2] e^{-\frac{(at - 5l)}{m_0 l}} \right\}$
$7l < at < 9l$	$\sigma_u = E \left\{ \dfrac{2 v_0}{a} \cdot e^{-\frac{(at - l)}{m_0 l}} - \right.$
	$- \dfrac{2 v_0}{m_0 a l} [2(at - 3l) - m_0 l] e^{-\frac{(at - 3l)}{m_0 l}} + \dfrac{2 v_0}{a m_0^2 l^2}$
	$\cdot [2(at - 5l)^2 - 4 m_0 l (at - 5l) + m_0^2 l^2] e^{-\frac{(at - 5l)}{m_0 l}} -$
	$- \dfrac{2}{3} \dfrac{v_0}{a m_0^3 l^3} [4(at - 7l)^3 - 18(at - 7l)^2 m_0 l +$
	$\left. + 18 m_0^2 l^2 (at - 7l) - 3 m_0^3 l^3] e^{-\frac{(at - 7l)}{m_0 l}} \right\}$

(33)

Intervall	Korbgeschwindigkeit v
$0 < at < l$	$v = - v_0$
$l < at < 3l$	$v = v_0 - 2 v_0 e^{-\frac{(at - l)}{m_0 l}}$
$3l < at < 5l$	$v = - v_0 - 2 v_0 e^{-\frac{(at - l)}{m_0 l}} +$
	$+ \dfrac{2 v_0}{m_0 l} [2(at - 3l) + 3 m_0 l] e^{-\frac{(at - 3l)}{m_0 l}}$

(34)

usw.

Die Gleichungen 32) und 33) gelten auch für den Belastungsfall, daß der aufwärts gehende Korb im Schachte hängen bleibt, wobei die mit der bis dahin gleichförmigen Geschwindigkeit v_0 laufenden Maschinenmassen das Seil stoßartig beanspruchen. Als Massenverhältnis m_0 ist dann das Verhältnis der auf den Seillauf reduzierten Maschinenmassen dividiert durch die Seilmasse einzuführen.

In Fig. 9—11 der Tafel sind die Spannungen σ_0 (ausgezogene Kurve) und σ_u (gestrichelte Kurve) für ein von Richardson[1]), einem Schüler Perrys, durchgerechnetes Beispiel wiedergegeben, und zwar

---

[1]) 12.)

bei derselben Korbmasse für die drei Seillängen 33 m, 305 m und 610 m, entsprechend den Massenverhältnissen $m_0 = 9,2$, $m_0 = 1$ und $m_0 = 0,5$. Zum Vergleich sind auch die Kurven der Spannkräfte im obersten Seilquerschnitt für das als masselos betrachtete Seil nach Gleichung 35) strichpunktiert eingezeichnet, welche Spannkräfte gleichzeitig für alle tieferliegenden Querschnitte gelten; die Einzellast des Korbes ist dabei um den dritten Teil der Seillast vermehrt worden, wie es für Näherungsrechnungen, die die Wirkung der Seilmasse wenigstens bis zu einem gewissen Grade berücksichtigen, von Richardson empfohlen wird.

Die Formel zur Berechnung dieser dynamischen, aus Gl. 17) entwickelten Spannung würde lauten

$$\sigma_o = \frac{P}{F} = v_0 \sqrt{\left(G + \frac{G_l}{3}\right) \cdot \frac{E}{g\,l\,F}} \quad \ldots \ldots \; 35)$$

und die im oberen Seilquerschnitt entstehende größte Spannkraft einschließlich der statischen ist dann

$$P = G + G_l + v_0 \sqrt{\left(G + \frac{G_l}{3}\right) \cdot \frac{E\,F}{g\,l}} \quad \ldots \ldots \; 36)$$

Der Wert $t_0 = l/a$ gibt die Zeit, die die Deformationswelle zur Ausbreitung über die einfache Seillänge gebraucht. Die in den Figuren hierfür angegebenen Zeiten folgen unter Benutzung der Gleichung 26) bei den von Richardson gemachten Annahmen über das Gewicht und über den Elastizitätsmodul des Seiles. Die Zeitmaßstäbe wurden in den für die drei Seillängen gezeichneten Fig. 9, 10, 11 so gewählt, daß diese Zeiten für die Fortpflanzung der Dehnungen über die Länge l jeweils durch dieselbe Einheitsstrecke festgelegt sind. Dementsprechend ist zur Darstellung irgendeiner Zeit t dieser Zeitwert in Sekunden mit dem Maßstab a/l zu multiplizieren.

Die Fig. 9 zeigt, daß sich am oberen Seilende mit dem Festhalten die Spannung $\sigma_o = 2520$ kg/qcm[1]) ausbildet, die konstant bleibt bis zu dem Augenblick, in dem sich die Schwingung bis zum Korbe und zurück bis zum Aufhängepunkt fortgepflanzt hat. Jetzt schnellt sie bei der Reflexion empor auf den senkrecht darüber liegenden Spitzenwert und nimmt im weiteren Verlauf der Zeit etwas ab bis zur nächsten unteren Spitze, die nach der Zeit $a\,t = 4\,l$ erreicht wird; zu gleicher Zeit macht die Spannungsordinate bei der zweiten Re-

---

[1]) Richardson bezieht diese Spannung auf 1 qcm Seilquerschnitt (durch den Seilumriß begrenzte Fläche), die auf den Drahtquerschnitt bezogene Spannung würde um 5000 kg/qcm herum liegen.

flexion einen endlichen Sprung bis zur darüberliegenden Spitze, die den Höchstwert der Spannung für die kurze Seillänge gibt.

Im untersten Seilquerschnitt ist die dynamische Spannung solange gleich Null, bis die Dehnungswelle, vom oberen, festgehaltenen Ende ausgehend, bis zum Korbe hin vorgeschritten ist, d. h. während der Zeit $t_0 = \dfrac{l}{a}$. Nach dieser Zeit springt sie plötzlich auf den ersten Spitzenwert und verläuft unter abwechselndem Sinken und plötzlichem Emporschnellen, wie es die gestrichelte Kurve veranschaulicht.

Die Kurven Fig. 10 u. 11 für denselben Spannungsmaßstab sind in derselben Weise zu deuten. Von dem Eintragen der Kurven für die Korbgeschwindigkeiten beim Schwingen wurde abgesehen; sie weichen von den für die Schwingungen am masselosen Faden geltenden Sinoiden um so stärker ab, je größer die Seilmasse im Verhältnis zur Korbmasse ist.

Der Vergleich der Spannungskurven für die drei Seile lehrt, daß die Höchstwerte der Beanspruchungen — die auch beim längsten Seile nicht sehr viel kleiner sind als beim kürzesten — die Spannungsamplituden der Schwingungen des masselosen Fadens um so mehr übertreffen, je kleiner das Massenverhältnis m_0 ist. Es ist also um so wichtiger, nach den Perryschen Formeln 32) und 33) zu rechnen, je länger das Seil und je größer das Seilgewicht im Verhältnis zum Korbgewicht ist. Das Spannungsmaximum tritt im obersten Seilquerschnitt auf. Bis zur Zeit $t = \dfrac{2l}{a}$ nach dem Beginn des Stoßes ist die Spannung im obersten Querschnitt unabhängig von dem Massenverhältnis m_0 und nur bedingt durch die Elastizität des Seiles, durch sein spezifisches Gewicht und durch die Geschwindigkeit, die das Seil beim Festhalten besaß.

Es soll aber noch erwähnt werden, daß die Spitzenwerte der Spannungen durch innere Reibung eine nennenswerte Abrundung erfahren, wie auch die Elastizität der Einspannstelle, Deformationen der Seilrollenachse und der Seilbefestigung am Korbe und die elastischen Eigenschaften des Korbgerüstes zur Verkleinerung der Spannungsmaxima wesentlich beitragen. So ist auch schon von Perry die Wirkung einer Feder an der Einspannstelle und einer solchen, etwas schwächer gehaltenen zwischen dem Korbe und dem unteren Seilende erläutert worden. Der am oberen Ende auftretende, nach der Formel 32) berechnete Spannungswert $\sigma_0 = 3\,\dfrac{E v_0}{a}$ wird durch die in dem betreffenden Beispiel gewählte Feder auf $\sigma_0 = 1{,}4\,\dfrac{E\,v_0}{a}$ gemildert, und die Spannung $\sigma_u = 2\,\dfrac{E\,v_0}{a}$ am unteren Seilende geht auf den Wert $\sigma_u = 1{,}6\,\dfrac{E\,v_0}{a}$ zurück, weil die Elastizität der Federn größer ist als die des Seiles.[1])

Immerhin lassen sich die Elastizität der Einspannstelle und die innere Reibung im Seile schwerlich anders als durch Versuche feststellen, und solange diese in ausreichendem Maße noch fehlen, empfiehlt es sich, zur Beurteilung der Seilbeanspruchung die Spitzenwerte nach den Formeln 32) und 33) zu berechnen und dabei sich stillschweigend der Dämpfung bewußt zu bleiben; in je kürzerer Zeit das Abfallen der Spannungsspitze auf niedrigere Werte erfolgt (je schlanker die Kurve in die Spitze ausläuft), um so niedriger wird der durch die Dämpfung gemilderte Wert der Beanspruchung liegen.

Jedenfalls zeigen die Kurven auch recht deutlich, wie im Gegensatz zu statischen oder zu dynamischen Beanspruchungen des masselosen Fadens mit mehreren gleichzeitig gefährlichen Querschnitten bei der dynamischen Beanspruchung des mit Masse behafteten Seiles die gefährlichen Spannungen nicht nur von der Querschnittslage, sondern auch von der Zeit abhängen.

Da die Perryschen Gleichungen aber für die Rechnungen in der Praxis unhandlich sind, sollen sie für einige Grenzverhältnisse von m_0 weiter ausgerechnet werden. Dabei werden einfachere Formeln entstehen, die die Bestimmung des Spannungsmaximums in wesentlich kürzerer Zeit gestatten, als es die Formeln 32) und 33) ermöglichen.

2. Bildung einfacher Formeln für die Berechnung der dynamischen Spannungen.

Für die Seilberechnung sind von den Werten 32) und 33) die σ_0-Werte am festgehaltenen Seilende als allgemeine Maxima und

---

[1]) Die zum Auslösen der Fangvorrichtung zwischen Seil und Korb eingeschaltete Feder kann in der Regel die Spannungsamplituden im unteren Seilende nicht verkleinern, weil ihre Mitwirkung durch feste Anschläge schon ausgeschaltet wird, wenn die Spannkraft im unteren Seilteil etwa $^7/_{10}$ der Korblast (s. 45), IV, S. 86) beträgt. Die nur zum Puffern und zur Vermeidung oder Verkleinerung des Hängeseiles angeordnete Korbfeder mildert Stoßwirkungen auch nur, solange ihre Hubbegrenzung dies nicht hindert.

unter diesen wieder die höchsten Spitzen der σ_0-Kurven wichtig[1]), die die Spitzenwerte der Spannungen σ_u umsomehr überschreiten, je kleiner das Massenverhältnis m_0 ist. Deshalb schreiben wir die Formeln für diese Maxima im oberen Seilquerschnitt heraus. Bei langen Seilen, d. h. für ein kleines Massenverhältnis m_0, tritt das Maximum bei der ersten Reflexion der Dehnungswellen auf, also für den Zeitpunkt $t = \dfrac{2\,l}{a}$. Die zugehörige Spannung ist nach der zweiten Formel der Werte 32) zu berechnen und ergibt sich zu

$$\sigma_{0,\,max} = E\left(-\frac{v_0}{a} + 4\,\frac{v_0}{a}\cdot e^{-0}\right) = \frac{3\,v_0\,E}{a} \quad \ldots \quad 37)$$

Kürzere Seile (größeres m_0) erleiden die größte Spannung $\sigma_{0,\,max}$ erst bei der zweiten Reflexion für $a\,t = 4\,l$, und es folgt aus der dritten Gleichung der Werte unter 32):

$$\sigma_{0,\,max} = E\left(\frac{v_0}{a} + 4\,\frac{v_0}{a}\cdot e^{-\frac{2}{m_0}}\right),$$

weil das dritte Glied der Gleichung mit dem Verschwinden des Klammerwertes auch Null wird, so daß

$$\sigma_{0,\,max} = \frac{v_0\,E}{a}\left(1 + 4\,e^{-\frac{2}{m_0}}\right) \quad \ldots \ldots \quad 38)$$

gesetzt werden kann.

Für ein bestimmtes Massenverhältnis m_0 geben beide Formeln 37) und 38) denselben Wert $\dfrac{3\,v_0\,E}{a}$, für ein kleineres m_0 ist dann die Gleichung 37), für ein größeres m_0 die Gleichung 38) zu benutzen. Man erhält den Grenzwert m_0, bis zu dem Gleichung 37) die Höchstspannung bestimmt, durch Gleichsetzen der σ_0-Werte:

$$\frac{3\,v_0\,E}{a} = \frac{v_0}{a}\cdot E\left(1 + 4\,e^{-\frac{2}{m_0}}\right).$$

---

[1] Es entzieht sich unserer Kenntnis, in welcher Weise die Reflexion durch das nach Überwindung der Seilreibung auf der Trommel auftretende Nachziehen der Seilwindungen und im Zusammenhang damit die Reflexion über dem Korbe gestört wird. Der Seilablaufpunkt kann insofern auch bei ruhender Trommel nicht streng als Festpunkt gelten; bei laufender Trommel wechseln die Reflexionsstellen am Seile ohnehin. Deshalb ist es möglich, daß die Spannungen über dem Korbe, die immer an derselben Stelle auftreten, diesen Seilteil auf die Dauer ungünstiger beeinflussen, als die unter Umständen größeren Spannungen im Seilteil an der Trommel diesen zu schwächen vermögen. Für die weiteren Rechnungen muß der Auflaufpunkt des Seiles an der Trommel als fest beibehalten werden, wie es bisher schon bei der Aufstellung der Formeln geschah. (Bei einem im Schachte hängenbleibenden Korbe tritt die Spannung σ_0 über dem Korbe auf.)

Hieraus kommt $\qquad ln\,\frac{1}{2} = -\,\frac{2}{m_0}$

und $\qquad\qquad\qquad m_0 \backsim 2,9.$

Die nächste Grenze für m_0, bis zu der Gleichung 38) das Maximum liefert, findet man durch Gleichsetzen des dritten und des vierten Wertes der Formeln 32).

Es wird für $a\,t = 6\,l$ aus dem vierten Werte

$$\sigma_{0,\,max} = \frac{v_0 E}{a}\left(3 + 4\,e^{-\frac{4}{m_0}} - \frac{16\,e^{-\frac{2}{m_0}}}{m_0}\right),\ \ \dots\ \ 39)$$

und man erhält durch Gleichsetzen der Werte 38) und 39)

die Gleichung $\quad 4\,e^{-\frac{2}{m_0}}\left(e^{-\frac{2}{m_0}} - \frac{4}{m_0} - 1\right) + 2 = 0\quad$ für einen neuen Grenzwert m_0.

Die graphische Lösung dieser Gleichung von der Form $f\,(m_0) = y$ bringt mit dem Durchgang der Kurve durch die m_0-Achse eine Wurzel, die angenähert bei $m_0 = 9,3$ liegt.

Danach ist für Seillängen mit einem Massenverhältnis $m_0 > 9,3$ das Maximum der Spannung nach Formel 39) zu berechnen. Gleichung 39) liefert bis zu $m_0 = 20$ die Spannungsmaxima. Für $m_0 > 20$ ist die maßgebende Spannungsspitze nach der folgenden, aus der fünften der Gleichungen 32) entwickelten Formel

$$\sigma_{0,\,max} = \frac{v_0 E}{a}\left[1 + 4\,e^{-\frac{6}{m_0}} - \frac{32}{m_0}\cdot e^{-\frac{4}{m_0}} + \frac{4}{m_0{}^2}(8 - 4\,m_0 + m_0{}^2)\,e^{-\frac{2}{m_0}}\right]\ \ 40)$$

zu bestimmen, die für $a\,t = 8\,l$ gilt.

Der Wert $m_0 \backsim 20$ wurde durch Gleichsetzen der Formeln 39) und 40) gefunden.

Wollte man, anstatt mit den Formeln 37) bis 40) zu rechnen, die für den masselosen Faden aus Gleichung 17) durch das Einführen des Korbgewichtes $G = m_0 F l \gamma$ und des Wertes $a = \sqrt{\frac{E\,g}{\gamma}}$ hervorgehende Gleichung

$$\sigma_0 = \sqrt{m_0}\cdot\frac{v_0 E}{a}\qquad\dots\dots\ \ 41)$$

benutzen, so könnte man z. B. für lange Seile, bei denen das Maximum der Spannung σ_0 aus Gleichung 37) folgt, den Zuschlag ermitteln, den man als Vielfaches des Seileigengewichtes G_l zum Korbgewicht G machen muß, um den gleichen Wert (Spannungsspitze $\frac{3\,v_0 E}{a}$) zu finden.

Das Gleichsetzen der beiden Werte 37) und 41) für σ_o bringt

$$\sqrt{m_0} = 3 \quad \text{oder} \quad \sqrt{\frac{G}{G_l}} = 3.$$

Das trifft zu für das Massenverhältnis $m_0 = 9$[1]), sonst aber beispielsweise für das Grenzverhältnis $m_0 = 2,9$ nur, wenn man zu G einen Zuschlag $x\,G_l$ hinzufügt, so daß die Gleichung

$$\sqrt{\frac{G + xG_l}{G_l}} = 3$$

erfüllt ist. Hieraus kommt $x = 6,1$.

Man muß also die rund 6 fache Masse des Seiles zur Korblast hinzufügen, um bei langen Seilen auf die richtigen Spannungswerte zu kommen, und für $m_0 = 1$ steigt dieser Wert x auf 8.

Um die Formeln 37) bis 40) noch mehr für den praktischen Gebrauch geeignet zu machen, soll für den Buchstaben a der Wert $\sqrt{\frac{E\,g}{\gamma}}$ eingeführt werden.

Die Formeln für die Maxima der dynamischen Spannungen $\sigma_{0,\,max}$ im oberen Seilquerschnitt lauten dann folgendermaßen[2]):

Für den masselosen Faden wird

$$\sigma_{o,\,max} = E\,\sqrt{m_0} \cdot \frac{v_0\,\sqrt{\gamma}}{\sqrt{E\,g}} = v_0\,\sqrt{\frac{m_0\,E\,\gamma}{g}}; \quad \ldots \quad 41\,a)$$

für das Seil mit Masse: $\sigma_{o,\,max} = 3\,v_0\,\sqrt{\dfrac{E\,\gamma}{g}},\quad \ldots \ldots \quad 37\,a)$

wenn das Verhältnis Lastmasse dividiert durch Seilmasse $m_0 < 2,9$ ist;

$$\sigma_{o,\,max} = v_0\,\sqrt{\frac{E\,\gamma}{g}}\left(1 + 4\,e^{-\frac{2}{m_0}}\right), \quad \ldots \ldots \quad 38\,a)$$

geltend für $2,9 < m_0 < 9,3$;

$$\sigma_{o,\,max} = v_0\,\sqrt{\frac{E\,\gamma}{g}}\left(3 + 4\,e^{-\frac{4}{m_0}} - \frac{16\,e^{-\frac{2}{m_0}}}{m_0}\right) \quad \ldots \quad 39\,a)$$

geltend für $9,3 < m_0 < 20$;

$$\sigma_{o,\,max} = v_0\,\sqrt{\frac{E\,\gamma}{g}}\left[1 + 4\,e^{-\frac{6}{m_0}} - \frac{32}{m_0}\cdot e^{-\frac{4}{m_0}} + \right.$$
$$\left. + \frac{4}{m_0{}^2}\,(8 - 4\,m_0 + m_0{}^2)\,e^{-\frac{2}{m_0}}\right], \quad \ldots \ldots \quad 40\,a)$$

geltend für $m_0 > 20$.

---

[1]) Wobei aber zu bedenken ist, daß für dieses Massenverhältnis nicht Gl. 37), sondern Gl. 38) die Höchstspannung liefert.

[2]) Für γ ist das Gewicht der Raumeinheit $\dfrac{G_l}{F\,l}$ in kg/cm³ einzuführen.

(Für eine bestimmte Seilart werden die Formeln noch etwas einfacher, wenn man den Wert $\sqrt{\dfrac{E\gamma}{g}}$ durch den entsprechenden, dann konstanten Zahlenwert ersetzt.)

Hieraus kann $P_{o,\,max}$ als dynamische Spannkraft ermittelt werden zu $P_{o,\,max} = \sigma_{o,\,max} \cdot F$; von Vorspannungen herrührende Spannkräfte sind zu addieren.

f) Ergebnisse der Lösung der Differentialgleichung bei Vernachlässigung der Schwere für den Fall, daß eine in Richtung der Seilachse bewegte Masse gegen das freie Ende eines ruhenden, am anderen Ende befestigten Seiles stößt.

Love hat die Aufgabe, die größte Dehnung für einen ruhenden Stab zu finden, der am einen Ende befestigt ist und am anderen durch eine mit der Geschwindigkeit v_0 bewegte Masse stoßartig getroffen wird, mit der Berechnung der Funktionen f und F der Gleichung 31)

$$s = f\,(at - x) + F\,(at + x),$$

die als allgemeine Lösung der Differentialgleichung 28) gilt, für die hier gegebenen Belastungsbedingungen in seiner Elastizitätslehre durchgeführt.[1)]

Er stellt fest, daß die größte Dehnung s_{max} am festen Ende auftritt und ihr Wert bei dem Verhältnis der Korbmasse zur Seilmasse $m_0 < 5$

$$\varepsilon_{max} = \frac{2\,v_0}{a} \left(1 + e^{-\frac{2}{m_0}} \right)$$

und für $m_0 > 5$ näherungsweise

$$\varepsilon_{max} = \frac{v_0}{a} \left(1 + \sqrt{m_0} \right)$$

wird.

Diese Formeln gelten auch für Drahtseile und dienen zur Berechnung der Spannungen am oberen, festen Seilende für den Belastungsfall, daß der Förderkorb von der Aufsatzvorrichtung in ein Schlaffseil stürzt.

Es ist $\sigma = \varepsilon E$, und damit wird, wenn für a der Wert $\sqrt{\dfrac{E\,g}{\gamma}}$ gesetzt wird, das dynamische Spannungsmaximum

$$\sigma_{o,\,max} = 2\,v_0 \sqrt{\frac{E\gamma}{g}} \left(1 + e^{-\frac{2}{m_0}} \right) \text{ für } m_0 < 5 \quad . \quad . \quad . \quad 42)$$

[1)] 11) S. 494 ff

und näherungsweise

$$\sigma_{o,\,max} = v_0 \sqrt{\frac{E\gamma}{g}} \left(1 + \sqrt{m_0}\right) \text{ für } m_0 > 5 \quad . \quad . \quad . \quad 43)$$

Diese Beträge sind wieder Spitzenwerte, wie sie ihrer Art nach aus der Tafel Fig. 9—11 bekannt sind.

Hierbei ist jedoch gleichfalls zu beachten, daß die Werte 42) und 43) nur die dynamische Beanspruchung geben.

Soll zum Vergleich die entsprechende dynamische Spannung unter Vernachlässigung der Massenträgheit des Seilmaterials berechnet werden, so ist die Formel 17) oder 41a) zu benutzen.

Da sich beim Stoße durch den Korb die Spannungsspitze im obersten Seilquerschnitt später ausbildet als im untersten, so kann das Seil sehr wohl sofort an der untersten Stelle abreißen, bei einer Spannkraft, die wesentlich geringer ist als diejenige, die kurze Zeit später im obersten Seilquerschnitt zu erwarten gewesen wäre; das Seil hat dann eben schon der vorher auftretenden kleineren Spannung nicht genügenden Widerstand entgegensetzen können. Der Bruchquerschnitt kann dabei an sich schon eine geringere Festigkeit besessen haben als die oberen Seilquerschnitte; es kann aber auch, ein neues Seil vorausgesetzt, an allen Stellen gleiche Festigkeit vorhanden gewesen sein.

Anders können sich die Vorgänge abspielen bei einem schon lange aufliegenden Seile, das auf eine kurze Länge beansprucht wird. Jetzt mögen der unterste wie auch alle darüberliegenden Querschnitte die Beanspruchung der ersten Dehnungsamplitude aushalten und auch die oberen Querschnitte die bei der Reflexion entstehende verstärkte Spannung ertragen. Nachdem sich aber nun die Dehnungswelle wieder seilabwärts fortgepflanzt hat und unten die verstärkte Beanspruchung bei der Bewegungsumkehr der Massenteilchen auftritt[1]), reißt das Seil an dieser Stelle, und zwar um so eher, je mehr seine Widerstandsfähigkeit bei früheren Überbeanspruchungen nachgelassen hat.

Ein solcher ungünstiger Zustand des Seiles über dem Einband kann durch wiederholte Stöße hervorgerufen sein, die infolge von Schlaffseil beim Anfahren des auf einer Aufsatzvorrichtung stehenden, aufwärts gehenden Korbes auftraten, wenn dabei Dehnungsamplituden vorgekommen sind, die zwar nicht sogleich den Bruch herbeigeführt,

---

[1]) Siehe Fig. 9, Tafel.

doch aber die Elastizitätsgrenze überschritten und somit bleibende Dehnungen hinterlassen haben. Dabei wurde Energie vom unteren Seilteil aufgezehrt, und die Schwingungen wurden gedämpft, so daß sie abgeschwächt zum oberen Festpunkt gelangten und hier nur noch ein geringeres Dehnungsmaximum erzeugen konnten. Bei solchen Schwingungen wird der obere Teil dem unteren gegenüber geschont, und es stellt sich mit der Zeit die wiederholt beobachtete Seilschwäche über dem Korbe ein, gegen deren Folgen man sich durch das bekannte, alle drei Monate zu wiederholende Abhauen des unteren Seilendes zu schützen sucht[1]).

Für Massenverhältnisse, wie sie für Förderseile in Frage kommen, folgen die nachstehenden unter 1) aufgeführten dynamischen Spannungen σ_o des masselosen Fadens aus Gleichung 41a) für den Fall, daß nur die bewegte Stoßmasse (Korb) berücksichtigt wird, und die unter 2) erwähnten bei der Annahme, daß die Seilmasse mit der Stoßmasse vereinigt auch dieselbe Geschwindigkeit v_0 besitzt. Zum Vergleich sind die dynamischen Spannungen für das Seil mit Masse vorangestellt, die zum Unterschied von den vorgenannten Beanspruchungen σ_o hier mit σ_{om} bezeichnet werden sollen, und für die je nach der Größe des Massenverhältnisses m_0 die Gleichungen 42) und 43) maßgebend sind.

Es wird z. B. für

$$
\begin{array}{c|ccc}
 & & 1. & 2. \\
m_0 = 1 & \sigma_{om} = 2{,}27\, v_0 \sqrt{\dfrac{E\gamma}{g}}, & \sigma_o = v_0 \sqrt{\dfrac{E\gamma}{g}}, & \sigma_o = 1{,}41\, v_0 \sqrt{\dfrac{E\gamma}{g}}, \\
m_0 = 2 & \sigma_{om} = 2{,}74\, v_0 \sqrt{\dfrac{E\gamma}{g}}, & \sigma_o = 1{,}41\, v_0 \sqrt{\dfrac{E\gamma}{g}}, & \sigma_o = 1{,}73\, v_0 \sqrt{\dfrac{E\gamma}{g}}, \\
m_0 = 10 & \sigma_{om} = 4{,}16\, v_0 \sqrt{\dfrac{E\gamma}{g}}, & \sigma_o = 3{,}16\, v_0 \sqrt{\dfrac{E\gamma}{g}}, & \sigma_o = 3{,}32\, v_0 \sqrt{\dfrac{E\gamma}{g}}.
\end{array}
$$

Der Vergleich der so erhaltenen Deformationen zeigt, daß die Beanspruchungen beim Faden mit Masse wesentlich größer ausfallen als beim masselosen Faden, und daß auch der Versuch, die Seilmasse in voller Größe am unteren Seilende zu konzentrieren und ihr auch noch die Geschwindigkeit der Stoßmasse beizulegen, immer noch auf zu kleine Spannungswerte führt.

---

[1]) Über die beim Entstehen des Hängeseiles auftretenden Seilstauchungen, die die Güte des Seiles über dem Korbe gleichfalls vermindern, s. 45), Bd. 4, S. 251.

g) Ergebnisse der Lösung der Differentialgleichung bei Berücksichtigung der Schwere, für den Fall, daß eine ruhende Einzellast plötzlich an das untere Ende eines Seiles gefügt wird, das am oberen Ende aufgehängt ist.

Love geht bei der Untersuchung eines ruhenden, am oberen Ende aufgehängten Stabes, an dessen unteres Ende plötzlich (aber ohne Geschwindigkeit) eine ruhende Last gehängt wird, von der für die Stabelemente angesetzten Schwingungsgleichung 30)

$$\frac{\partial^2 s}{\partial t^2} = a^2 \cdot \frac{\partial^2 s}{\partial x^2} + g$$

aus[1]).

Für das Massenverhältnis (Lastmasse durch Stabmasse) $m_0 = 1$ ermittelt er die größte dynamische Dehnung im Aufhängepunkt des Stabes

$$\varepsilon = \frac{lg}{a^2} (1 + 4 e^{-0.568}) = 3{,}27 \frac{lg}{a^2},$$

und sie tritt nach dem Verlauf der Zeit $t = \dfrac{3{,}568\, l}{a}$ ein. Dementsprechend wird die dynamische Spannung

$$\sigma_{o,\,\mathrm{max}} = 3{,}27\, l\gamma, \quad \dots \dots \dots \quad 44)$$

die unter sonst gleichen Bedingungen auch für Seile gilt.

Die statische Spannung im obersten Punkte ($x = 0$), herrührend von der angehängten Last und vom Eigengewicht des Stabes, ist

$$\sigma_o = 2\, l\gamma,$$

und diese verhält sich, wie man sieht, zur größten dynamischen Spannung, die bei der Schwingung auftritt, wie 1 : 1,63.

Die dynamische Spannung fällt kleiner aus, als wenn die Last und das Eigengewicht am unteren Ende eines gewichtslosen Fadens von der Länge l plötzlich ohne Stoß angebracht werden; für diesen Fall beträgt nämlich nach Gleichung 19) die größte Spannung im obersten Querschnitt $2\,\sigma_o$, also $4\, l\,\gamma$.

Die gleichmäßige Verteilung der Seilmasse mindert diesen Wert demnach auf $3{,}27\, l\,\gamma$ herab.

Bei dem Verhältnis $m_0 = 4$ steigt die Beanspruchung auf

$$9{,}18\, l\,\gamma \quad \dots \dots \dots \quad 45)$$

gegenüber der zugehörigen statischen Spannung $5\, l\,\gamma$, sodaß das Verhältnis der größten dynamischen Spannung zur statischen Spannung rund 1,84 wird.

---

[1]) 11). S. 500 ff.

Der doppelte Wert der statischen Beanspruchung bildet die Grenze, der die Spannung σ_o mit wachsendem Massenverhältnis m_0 zustrebt.

Vergleicht man dagegen diese tatsächlich auftretenden dynamischen Spannungen mit den für den masselosen Faden berechneten dynamischen Beanspruchungen, wenn an diesem nur die Einzellast angebracht wird, so stehen folgende Werte einander gegenüber:

für $m_0 = 1$ | $3,27\,l\,\gamma$ ⎰ bei Berücksichtigung $2\,l\,\gamma$ ⎱ bei Vernachlässigung
» $m_0 = 4$ | $9,18\,l\,\gamma$ ⎱ der Seilmasse, $8\,l\,\gamma$ ⎰ der Seilmasse.

Hieraus erhellt wieder, daß man besonders bei der Vernachlässigung der Masse langer Seile auf wesentlich zu niedrige Spannungswerte kommt.

h) Allgemeine Bemerkungen zum Vergleich der Formeln für das masselose und für das mit Masse behaftete Seil.

Vergleicht man die bisher gewonnenen Resultate für den masselosen Faden und die unter e), f), g) angeführten für das Seil mit Masse noch einmal im Zusammenhang, so muß man freilich zu der Erkenntnis kommen, daß die in der Einleitung als auffallend bezeichnete große Anzahl der Seilbrüche im Förderbetrieb, soweit sie infolge von Betriebsstörungen auftraten, nach den Ergebnissen wissenschaftlicher Forschung zu erwarten ist, wenngleich die bisher üblichen Berechnungen der statischen Spannungen oder der dynamischen Beanspruchungen für das masselose Seil nicht immer für diese Auffassung sprachen.

Gleichzeitig erhellt daraus, daß bei Förderseilen viel eher Überbeanspruchungen zu befürchten sind als bei den Seilen der Aufzüge. Treten doch infolge der größeren Fördergeschwindigkeiten im Bergbaubetrieb infolge von Stoßbeanspruchungen der beschriebenen Art nach der Rechnung Seite 26 bei Vernachlässigung der Seilmasse schon drei- und mehrmal höhere Beanspruchungen auf als beim Aufzugsseil. Die Seilmasse erhöht, wie die Werte auf Seite 42 und 44 zeigen, die für das masselose Seil gefundenen Beanspruchungen noch weiterhin, z. B. für das Massenverhältnis $m_0 = 1$ auf ungefähr das Doppelte.

Danach sind für Förderseile in ungünstigen Fällen, besonders bei Betriebsstörungen, mehr als sechsmal größere Anstrengungen zu erwarten als bei Aufzugsseilen, ganz abgesehen von der immer noch nicht berücksichtigten Wirkung der Schwere auf die Seilmasse, die die Sachlage noch weiter zuungunsten der Förderseile verschiebt.

Solange genauere Ergebnisse wissenschaftlicher Forschung zur Berücksichtigung der Schwere für bewegte Stoßmassen und Seilmassen fehlen, wird man sich damit begnügen müssen, zu der dynamischen Beanspruchung nach den oben genannten Formeln die statische hinzuzuzählen.[1]

Die infolge der Anordnung der Seildrähte in Schraubenlinien noch auftretenden Torsionbeanspruchungen sind im Verhältnis zu den Stoßspannungen gering, sie konnten deshalb vernachlässigt werden.[2]

Der Vergleich der Formeln zeigt ferner, daß die Beanspruchungen, die mit der Zunahme des Massenverhältnisses m_0 (die bei großen Teufen auch daher stammen kann, daß nur kleine Seillängen belastet werden) einerseits erheblich wachsen, anderseits den für das masselose Seil berechneten Spannungen immer näher kommen, wie das auch zu erwarten ist.

Damit ist bewiesen, daß die früher aufgestellte Behauptung, wonach die Seilmasse bei Aufzugsseilen nicht berücksichtigt zu werden braucht, richtig ist, und man kann daraus weiter mit Recht schließen, daß die Formeln für den masselosen Faden auch für Förderseile bei Annäherungsrechnungen brauchbare Werte geben, wenn die beanspruchten Seillängen sehr kurz sind.

---

[1] Auch die Pressung der Drähte gegeneinander und gegen die Seelen mußte einstweilen unberücksichtigt bleiben.

[2] Der im Seile vorhandene Drall verursacht während der Fahrt gleichfalls Verwindungen, wenngleich der Korb geführt ist.

III. Anwendung der Formeln in Zahlenbeispielen zum Vergleich der Seilbeanspruchungen bei Fördermaschinen und bei Aufzügen.

Im vorigen Abschnitt sind charakteristische Belastungsfälle herausgegriffen worden, wie sie für die Ableitung oder für die Erklärung der für die Seilberechnung notwendigen Formeln paßten. In diesem Kapitel soll nach der Durchrechnung einiger Zahlenbeispiele für Ausnahmebelastungen in einer weiteren Zahlenrechnung gezeigt werden, wie, ganz abgesehen von solchen Sonderbeanspruchungen bei Betriebsunfällen, auch schon im normalen Betrieb besonders beim Auftreten von Schlaffseil Überbeanspruchungen vorkommen.

In den Rechnungen werden für die Aufzugsseile im allgemeinen die Formeln für den masselosen Faden, für die Förderseile diejenigen der Spitzenwerte nach Abschnitt II, e), f), g) der für das mit Masse behaftete Seil geltenden Gleichungen und sonst auch die Annäherungsformeln 36) oder 22) benutzt werden. Als Seillängen sollen die größte bei tiefster Korblage und daneben eine kleinere für eine Korbstellung in der Nähe der Hängebank bzw. der obersten Ladestelle eingeführt werden. Dabei sollen die Resultate für zweimal geflochtene Drahtseile, wie es die Förderseile fast immer sind, und in einigen Fällen einmal für den Elastizitätsmodul der neuen Seile $E = 0{,}6^2 \cdot 2150000 = 775000$ kg/qcm und das andere Mal für den Modul $E = 2 \cdot 0{,}6^2 \cdot 2150000 = 1550000$ kg/qcm, der für eingefahrene Seile gilt, gegeben werden.

Hierzu ist noch zu bemerken, daß die Drahtseile nicht mehr im eigentlichen Sinne isotrope Körper sind wie die elastischen Stäbe, für die die Formeln abgeleitet wurden.

Bei den aus Stahldrähten und Hanfseelen bestehenden Seilen ist der aus isotropem Material hergestellte Draht infolge des Ziehprozesses, den er bei der Fabrikation durchgemacht hat, durchaus nicht mehr isotrop, wie auch die Hanflitze es nicht ist. Dazu spielt gerade beim Hanf die elastische Nachwirkung eine nennenswerte Rolle, und die Hanfeinlage, die durch die Querkontraktion der Drahtwicklung und mehr noch beim Laufen des Seiles über die Leitrollen in der Querrichtung wahrscheinlich übermäßig hohe Beanspruchungen erfährt, wird in erster Linie die Veranlassung dazu geben, daß der beim neuen Seile verhältnismäßig niedrige Elastizitätsmodul E im Betrieb erfahrungsgemäß schnell zunimmt, so daß damit auch die bei Schwingungen auftretenden Spannkräfte bei gleich großen Ursachen wachsen. Die ungleichmäßige Beanspruchung der einzelnen Seilteile läßt demgemäß auch erwarten, daß der Modul sich nicht einmal überall gleichmäßig ändert, er wird nach längerer Betriebszeit an verschiedenen Stellen des Seiles verschiedene Werte besitzen und über dem Korbe schneller zunehmen, weil hier die Reflexionen der Dehnungswellen immer an derselben Stelle auftreten, während die wiederholten Reflexionen an der Trommel bei laufender Maschine an stets anderen Seilquerschnitten vor sich gehen. Auch das spricht für höhere Spannungen über dem Korbe, und es kann besonders bei nicht rechtzeitigem Abhauen des unteren Seilendes sehr wohl der Fall eintreten, daß die Spannungen σ_u über dem Korbe infolge des für diesen Seilteil höheren Elastizitätsmoduls größer werden als die sonst nach den Formeln 32) geltenden Maximalspannungen im obersten Seilquerschnitt.

Ein weiterer Grund für die Zunahme des Elastizitätsmoduls liegt in der Abnutzung und in der Verschiebung einzelner Drähte; die zu Anfang vorhandene Linienberührung der einzelnen Drähte wird allmählich in eine Flächenberührung übergehen, und damit nimmt die Querkontraktion des Seiles ab und der Elastizitätsmodul zu.

Gegen die Anwendung der Formeln auf die nicht isotropen Drahtseile lassen sich wichtige Gründe nicht anzuführen, wenn die benutzte Proportionalitätsgrenze der Seile, bis zu der die Formeln ohnehin nur gelten, nicht aus Versuchen mit dem Rohmaterial für die Seildrähte, sondern, wie dies üblich ist, aus Messungen an Drahtseilen entnommen wird.[1]) Bei solchen Messungen verhalten sich Drahtseile hinsichtlich der Proportionalität zwischen Dehnung und Spannung erfahrungsgemäß ebenso wie isotrope Materialien.

Ergeben die folgenden Rechnungen Spannungen, die die Proportionalitätsgrenze überschreiten, so kann man diese Werte nicht

---

[1]) Die in den folgenden Rechnungen benutzten Hrabakschen Zahlen des Elastizitätsmoduls E (s. S. 15) sind solche Versuchswerte.

mehr als zahlenmäßig richtige ansprechen; sie weisen aber darauf hin, daß die Gefahr für das Seil, durch bleibende Dehnungen zu leiden oder zu brechen, um so näher liegt, je höher die berechneten Beanspruchungen sind.

Im Anschluß an die Bemerkung auf Seite 35 mag hier auch noch einmal daran erinnert werden, daß besonders die Spitzenwerte der Formeln für das Seil mit Masse durch innere Reibung im Seile und durch die Deformation des Korbes und der Einspannstelle des Seiles abgeschwächt werden. Dieser Einfluß ist im allgemeinen bei Förderseilen größer als bei den Aufzugsseilen.

Die Unmöglichkeit, diese Verhältnisse bei dem hier beabsichtigten Vergleich zu berücksichtigen, rechtfertigt das Gegenüberstellen der aus den angeführten Formeln für die größten Spitzenwerte der Spannungen erhaltenen Ergebnisse, die damit immerhin ein angenähertes Bild der tatsächlichen Sicherheiten beider Seilarten geben. Damit das Urteil des Lesers bei einer Schätzung der Dämpfung nicht zu ungünstig für die Fördermaschinen ausfällt, sollen eben bei den Förderseilen auch die Spannungen angeführt werden, die sich aus den Annäherungsformeln 36) oder 22) für das masselose Seil ergeben und in den meisten Fällen bestimmt unter der wirklich auftretenden Beanspruchung liegen.

A. Zahlenbeispiele für Ausnahmebelastungen.

Es soll zunächst der zahlenmäßige Vergleich für einen Aufzug und für zwei Fördermaschinen durchgeführt werden unter Zugrundelegung von Daten, wie sie Ausführungen entsprechen würden.

Bei einem Personenaufzug mag die Maschine bei einer Abwärtsfahrt des beladenen Korbes infolge des Brechens eines wichtigen Maschinenteiles in kürzester Zeit, d. h. plötzlich im Sinne der früheren Erörterungen, stillstehen.

Die Maschine stehe im Keller des Hauses. Die Seilgeschwindigkeit betrage 1 m/sec im Augenblick der Hemmung. Die Länge l des beanspruchten Seiles zwischen Trommel und Kabine sei a) 35 m, wenn sich der Korb in der Nähe der unteren Haltestelle befindet, b) 25 m, wenn er 5 m von der oberen Rolle entfernt ist. Das Korbgewicht betrage einschließlich der Nutzlast: $G = 2500$ kg.

Bei einer Materialfestigkeit des Drahtmaterials von 15000 kg/qcm kann für die beiden Aufzugsseile bei rund sechsfacher Sicherheit (Zug 1560 kg/qcm und Biegung 875 kg/qcm) ein Gesamtquerschnitt von rund 1,6 qcm (je 1,8 cm Seil- und 0,07 cm Drahtdurchmesser) gewählt werden, wenn die Berechnung nach den behördlichen Vorschriften erfolgt.

Da die Spannkraft $P = G = 2500$ kg beim Stoßbeginn im Seile schon herrschte, so ist bei Vernachlässigung der Gewichts- und der Massenwirkung des Seilmaterials die Formel 21)

$$P_o = G\left(1 + v_0 \sqrt{\frac{EF}{Ggl}}\right)$$

anzuwenden, die die größte Spannkraft im Seilquerschnitt an der Trommel gibt, und zwar

a) für $l = 35$ m:

bei $E = 775000$ kg/qcm[1]), $P_o = 5500$ kg und die Spannung $\sigma_o = \dfrac{5500}{1,6} = 3440$ kg/qcm, die Sicherheit $\mathfrak{S} = \dfrac{15000}{3440} = 4,36$ bei Berechnung nur auf Zug und $\mathfrak{S} = \dfrac{15000}{3440 + 875} = 3,48$ bei Berücksichtigung der Biegung; bei $E = 1550000$ kg/qcm wird $P_o = 6750$ kg, $\sigma_o = \dfrac{6750}{1,6} = 4220$ kg/qcm, $\mathfrak{S} = \dfrac{15000}{4220} = 3,56$ (Zug) bzw. $\mathfrak{S} = \dfrac{15000}{4220 + 875} = 2,94$ (Zug und Biegung);

b) für $l = 25$ m:

bei $E = 775000$ kg/qcm, $P_o = 6050$ kg, $\sigma_o = 3780$ kg/qcm, die Sicherheit $\mathfrak{S} = 3,97$ (Zug) bzw. $\mathfrak{S} = 3,22$ (Zug und Biegung), bei $E = 1550000$ kg/qcm, $P_o = 7500$ kg, $\sigma_o = 4700$ kg/qcm; $\mathfrak{S} = 3,2$ (Zug) bzw. $\mathfrak{S} = 2,7$ (Zug und Biegung).

Bei einem Gewicht von 1,5 kg für den laufenden Meter Doppelseil wird unter der zu ungünstigen Annahme, daß das ganze Seil in Abwärtsbewegung begriffen ist, die Spannkraft nach der Annäherungsformel 36), wenn auch hier ein Drittel des Seilgewichtes zum Korbgewicht zugeschlagen wird, für die beanspruchte Seillänge $l = 35$ m

$$P_o = G + G_l + v_0 \sqrt{\frac{(G + G_l/3)\,EF}{gl}},$$

$P_o = 6830$ kg für $E = 1550000$ kg/qcm gegenüber 6750 kg Spannkraft, wenn das Eigengewicht nicht berücksichtigt wurde.

Weiter zeigen die Zahlen, daß das Seil mit der im ungünstigsten Falle oben berechneten 2,7 fachen Sicherheit noch nicht in Bruch-

---

[1]) 1) und 17), bei dreimal geflochtenen Kabelseilen ist $0,6^3 E$ an Stelle von $0,6^2 E$ zu setzen.

gefahr gerät; die Spannung erreicht nicht einmal die Proportionalitätsgrenze, die für die gewählten Seile bei etwa 8000 kg/qcm liegt.

Nur wenn die Maschine direkt über dem Schachte stände, würden
die Beanspruchungen noch nennenswert höher werden können. Solche
Ausführungen sind aber bei Personenaufzügen nicht die Regel, und
sie sollten mit Rücksicht auf die Seilsicherheit bei Aufzügen sowohl,
als auch besonders bei Fördermaschinen möglichst vermieden werden.

Untersucht man noch die Belastungsspitzen nach den Formeln
37a), 38a), 39a) und 40a) für die beanspruchte Seillänge von 35 m
und für den Elastizitätsmodul $E = 1550000$ kg/qcm, so wird die
zur statischen Belastung zuzuschlagende dynamische Spannkraft
$P_o = \sigma_{o\,max} F$

$$\text{für } at = 2\,l: \quad P_0 = 1850 \text{ kg,}$$
$$\text{» } at = 4\,l: \quad P_0 = 2980 \text{ »}$$
$$\text{» } at = 6\,l: \quad P_0 = 3920 \text{ »}$$
$$\text{» } at = 8\,l: \quad P_0 = 4580 \text{ ».}$$

Zeichnet man diese Werte in Abhängigkeit von t auf, so läßt
die Fortsetzung der Kurve bei dem hier großen Werte $m_0 = 47,7$
den noch etwas höheren Betrag der Spannkraft $P_o \curvearrowright 5000$ kg als
im äußersten Falle möglich ablesen, so daß eine Spannkraft $P_{0,\,max} =$
5000 (dynamisch) $+ 2550$ (statisch durch die Korblast und das
Seilgewicht) $= 7550$ kg entstehen kann, wozu eine unter der Proportionalitätsgrenze liegende Spannung gehört.

Da aber dieser Wert durch Dämpfung der Schwingungen noch
verkleinert wird, so ist damit auch zahlenmäßig nachgewiesen,[1] daß
die Wirkung der Masse des Seilgewichtes bei Aufzügen im Verhältnis
zur Wirkung der Einzellast so gering ist, daß bedenkliche Zusatz-
kräfte nicht entstehen, und daß deshalb die Seilmasse wie auch das
Seileigengewicht unberücksichtigt bleiben können.

Den oben berechneten Zahlenwerten soll nun zunächst das Resultat
für eine Fördermaschine mittlerer Größe gegenübergestellt werden.

Es sei $G = 4500$ kg die Gesamtlast des Korbes bei der Seilfahrt,
$v_0 = 5$ m/sec die Fördergeschwindigkeit und die Teufe 220 m. Die
Maschine stehe neben dem Schachte. Der tragende Seilquerschnitt
muß dann nach der Gleichung 3) bei rund 10 facher Anfangssicherheit
und 15000 kg/qcm Materialfestigkeit $F = 3,5$ qcm sein, das Seilgewicht

---

[1] Auch die Annahme, daß die Maschine plötzlich stillsteht, war zu ungünstig.

G_l beträgt 840 kg für die Seillänge vom Füllort bis zur Trommel von $l = 260$ m.

In einem Falle a) erfolge die plötzliche Stillsetzung des oberen Seilendes in dem Augenblick, in dem sich der abwärts fahrende Korb fast am Füllort befindet, so daß die Seillänge l zwischen Korb und Maschine 40 m (von der Seilscheibe bis zur Trommel) + 220 m = 260 m ausmacht; in einem zweiten Falle b) sei die Seillänge zwischen Maschine und Korb 60 m. Die Maschine besitze kein Unterseil.

Die Formel 36)

$$P_o = G + G_l + v_0 \sqrt{\frac{(G + G_l/3)\, EF}{g\, l}}$$

liefert für $E = 1\,550\,000$ kg/qcm und $G_l = 840$ kg (das ganze Seil senkrecht hängend angenommen)

a) für $l = 260$ m die Spannkraft

$$P_o = 21\,250 \text{ kg, die Spannung } \sigma_o = \frac{21\,250}{3,5} = 6070 \text{ kg/qcm}$$

und die Seilsicherheit

$$\mathfrak{S} = \frac{15\,000}{6070} = 2{,}47,$$

rein auf Zug gerechnet.

b) für $l = 60$ m:

$$P_o = 37\,150 \text{ kg}, \quad \sigma_o = \frac{37\,150}{3,5} = 10\,600 \text{ kg/qcm},$$

$$\mathfrak{S} = \frac{15\,000}{10\,600} = 1{,}41 \text{ bei reiner Zugbeanspruchung.}$$

Infolge der vorhandenen Biegungsbeanspruchung ist die Sicherheit in Wirklichkeit noch geringer.

Die Spannungsspitzen werden für a) bei dem Massenverhältnis $m_0 = 5{,}36$ nach Gleichung 38a): $\sigma_{o,\,max} = 8700$ kg/qcm; für b) bei $m_0 = 23{,}2$ nach Gleichung 40a): $\sigma_{o,\,max} = 12\,800$ kg/qcm einschließlich der statischen Spannung durch das Korb- und das Seilgewicht.

Beim Vergleichen dieser Werte mit den entsprechenden beim Aufzug ($\mathfrak{S} = 3{,}56$ bzw. $\mathfrak{S} = 3{,}2$) fallen die großen Unterschiede auf, die bereits an früherer Stelle bei der Zusammenstellung der Formeln festgestellt werden konnten. Im zweiten Falle b) wird die Proportionalitätsgrenze 8000 kg/qcm weit überschritten.

Ein weiteres Beispiel wird die Sicherheitsverhältnisse für eine der größeren Fördermaschinen klarlegen.

Es betrage die Korblast bei der Seilfahrt 11000 kg, der Seilquerschnitt nach Gleichung 3) bei rund 10 facher Sicherheit und 18000 kg-qcm Materialfestigkeit $F = 13$ qcm, die Teufe 900 m, die Geschwindigkeit bei der Seilfahrt 10 m/sec, das Seilgewicht 11000 kg für die Länge $l = 900$ m.

Ein Unterseil sei nicht vorhanden. Die Maschine stehe neben dem Schachte.

Wird dann bei einer Abwärtsfahrt des beladenen Korbes die Maschine wieder plötzlich festgestellt, so gilt für die an der Trommel auftretende angenäherte Zugkraft des Seiles, wenn für die Seillänge zwischen Maschine und Hängebank noch 60 m zu dem 900 m langen Seile zwischen Hängebank und Füllort addiert werden, die Formel 36).

Damit kommt

a) für die als senkrecht hängend angenommene Seillänge $l = 960$ m und $E = 1550000$ kg/qcm die Spannkraft am oberen Seilende

$$P_o = 79200 \text{ kg, die Spannung } \sigma_o = \frac{79200}{13} = 6100 \text{ kg/qcm}$$

und die Sicherheit

$$\mathfrak{S} = \frac{18000}{6100} = 2,95 \text{ (für Zug allein),}$$

und für

b) $l = 150$ m und $E = 1550000$ kg/qcm wird

$$P_o = 138850 \text{ kg, } \sigma_o = \frac{138850}{13} = 10700 \text{ kg/qcm,}$$

$$\mathfrak{S} = \frac{18000}{10700} = 1,68 \text{ (auf Zug allein).}$$

Die Proportionalitätsgrenze, ca. 10000 kg/qcm, wird also schon für Seillängen in der Nähe von 150 m erreicht und von den Spannungsspitzen weit überschritten; bei kürzeren Seillängen, wie sie bei höheren Korblagen einzuführen sind, treten noch größere Beanspruchungen auf.

Bisher wurde nur der abwärtsgehende Korb von Fördermaschinen ohne Unterseil betrachtet, es befindet sich aber bei plötzlichem Anhalten der Maschine auch der aufgehende Korb in ähnlicher Gefahr. Die lebendige Kraft der bewegten Seil- und Korbmassen treibt diese weiter aufwärts, bis die lebendige Kraft der Massen, von dem Verlust durch Reibung abgesehen, in potentielle Energie umgesetzt ist. Korb und Seil beginnen in diesem Augenblick den gefahrbringenden Sturz bis zum Straffwerden des Seiles[1]), in das dann nur deshalb kleinere Spannkräfte als in das Seil des aufwärts gehenden Korbes hinein-

---

[1]) S. auch S. 61.

kommen werden, weil der aufgehende Korb für das betrachtete Beispiel unbeladen ist. Eine entsprechend kürzere Seillänge l kann diese Verhältnisse allerdings auch ungünstig beeinflussen.

Für Maschinen mit Unterseil werden die Beanspruchungen des Seiles offenbar noch größer. Bei plötzlich stillgestellter Maschine wirken auf das Seil im gefährlichen Querschnitt an der Trommel nicht nur die lebendigen Kräfte des abwärts fahrenden Korbes und des Seiles zwischen diesem und der Trommel, sondern auch die lebendigen Kräfte des abwärts laufenden Unterseiles.

Die Seilbeanspruchungen werden aber noch weit ungünstiger, wenn die Daten für die Massenfahrt herangezogen werden, bei der die Massen für das gleiche Seil größer sind und die Geschwindigkeiten doppelt so groß wie bei der Seilfahrt sein können. Erfährt ein Seil aber bei der Massenfahrt wiederholt Beanspruchungen, die über die Elastizitätsgrenze hinausgehen und damit bleibende Dehnungen hinterlassen, so kann es sehr wohl bei der Seilfahrt trotz der geringeren Belastung reißen.

Nur wenn bei der für die Massenfahrt vorhandenen Seilsicherheit schädliche Seilbeanspruchungen bei der Lastfahrt bestimmt ausgeschlossen sind, kann bei der Seilfahrt mit ihrer geringeren Belastung das Auftreten von Seilbrüchen als besonders unwahrscheinlich gelten; sonst müßte man sagen, daß es verkehrt ist, ein Seil, für das man die Seilfahrtbelastung für zulässig erachtet, Tag für Tag bei der Massenfahrt wesentlich höher zu belasten und Überbeanspruchungen auszusetzen, noch dazu während einer Zeit, die die tägliche Seilfahrtszeit um das rund 10 fache übersteigt. In den Vorschriften für Aufzüge ist dieser Standpunkt auch vertreten, worauf schon auf S. 7 hingewiesen wurde. Lastenaufzüge, auf denen ein Führer mitfahren kann, müssen bezüglich der Seile und Sicherheitseinrichtungen wie reine Personenaufzüge gebaut sein. Die Seilsicherheit für die Lastfahrt muß 6 fach sein, während für reine Lastenaufzüge 5 fache Sicherheit genügt.

Wie stark die Beanspruchungen des Seiles durch Stöße bei der Massenfahrt diejenigen bei der Seilfahrt noch überschreiten können, zeigt mit hinreichender Deutlichkeit die Durchrechnung des letzten Beispieles für die größte, also günstigste Seillänge $l = 960$ m.

Bei der Korblast 15 000 kg, der Geschwindigkeit $v_0 = 20$ m/sec und bei dem Elastizitätsmodul $E = 1\,550\,000$ kg/qcm entsteht nach Gleichung 37 a) eine dynamische Beanspruchung des Seiles

$$\sigma_{0,\,max} = 23\,150 \text{ kg/qcm},$$

so daß die Proportionalitätsgrenze des Seiles mit 10 000 kg/qcm wesentlich überschritten wird. Dies ist auch bei der mit Hilfe der Gleichung 35) ermittelten Spannung $\sigma_0 = 11\,850$ kg/qcm der Fall.

Wenn größere Maschinenbrüche bei Fördermaschinen glücklicherweise selten vorkommen, weil das elastische Seil die Stoßwirkungen des Korbes mildert, bevor sie sich bis zur Maschine hin fortgepflanzt haben, so können doch Materialfehler, die bei der Bearbeitung der Werkstücke nicht immer zutage treten, die Ursache von anscheinend ungefährlichen Einzelbrüchen bilden, die dann bei ungünstiger Lage der Verhältnisse schwere Folgen nach sich ziehen.

Es braucht beispielsweise bei einer kleineren Maschine nur ein Zahn des Trommelrades zu brechen; der damit mögliche Massensturz um Werte bis zur vollen Zahnteilung, d. h. in den meisten Fällen um mehr als 5 cm, kann bei ungünstiger Laststellung in der Nähe der Hängebank eine zu hohe Beanspruchung des Seiles zur Folge haben. Ist die Maschine mit konischen Trommeln ausgerüstet, so kann infolge des Zahnbruches oder bei ungeschicktem Bremsen das Seil abspringen, so daß es gleichfalls in Gefahr kommt.

Auch bei Köpemaschinen, die im allgemeinen gegen Unfälle der oben behandelten Art am besten geschützt sind, weil die Reibung, die ihren Treibscheiben zur Kraftübertragung zur Verfügung steht, eine beschränkte ist, kann das Abspringen des Seiles als Folge von Unregelmäßigkeiten des Betriebes vorkommen, besonders wenn ein Schleudern des Seiles bei großen Entfernungen zwischen Schacht und Maschinenhaus auftritt.

Wenn im vorstehenden in der Hauptsache die Wirkungen von Kräften, die vom Fahrkorb ausgingen, verfolgt wurden: so ist nun noch der eigentlich wichtigere Teil der Untersuchung zu erledigen, der sich auf Kräfte bezieht, die von der Maschine herrühren, wenn der Korb oder das Seil plötzlich im Schachte hängen bleibt. Unfälle dieser Art sind die häufigsten, obenan steht das Fahren des Korbes gegen die Seilscheiben.

Die Beanspruchung des Seiles richtet sich bei einem solchen Unfall einerseits nach der Größe der Korb- und Seilmassen, anderseits nach den Massen der Maschine, die zusammen auf den Widerstand, der sich dem Korb entgegengesetzt, um so größere Kräfte ausüben, je größer sie sind, und je größer ihre Geschwindigkeit ist.

Stößt ein aufgehender Korb gegen ein Hindernis im Schachte, so können sich dabei die Vorgänge folgendermaßen abspielen: Im Augenblick des Zusammenstoßes tritt eine starke Deformation des Korbes

und des Hindernisses ein. Der Widerstand mag so stark sein, daß
er der allein aus der lebendigen Kraft des Korbes stammenden Stoßwirkung widersteht. Diese wird indessen schnell weiter verstärkt
durch die kinetische Energie der Seil- und der Maschinenmassen, die
unter der bei der Überlastung gepuffert einfallenden Notbremse noch
nicht zum Stillstand gekommen sind und das Seil stärker und stärker
spannen, bis es reißt, oder bis im günstigeren Falle das Hindernis
rechtzeitig nachgibt und nach kurzem Auslaufweg Korb und Seil,
mit bleibenden Deformationen behaftet, nach dem Abklingen der
Schwingungen stillstehen. Die Maschine ist inzwischen infolge der
fortgesetzten Bremswirkung zur Ruhe gekommen und weist vielleicht
auch gebogene Achsen, Lagerbeschädigungen oder sonstige Zer-
störungen auf.

Dieser der Förderung im Bergbau entnommene Vorfall soll noch
unter der Voraussetzung, daß das Hindernis im Schachte nicht nachgibt, näher betrachtet werden und dann mit einem Vorkommnis,
wie es sich ähnlich bei einem Personenaufzug ereignen kann, verglichen werden.

Für die beiden zu vergleichenden Maschinengattungen werde
elektrischer Antrieb angenommen, dessen Abschaltung eine Sekunde
nach dem Beginn des Korbstoßes erfolgen mag.

Zuerst soll eine Fördermaschine für eine Kohlengrube mit einer
Teufe von 620 m, für die die folgenden Daten maßgebend sind, untersucht werden.

Fördermenge stündlich mindestens . . .	40 Züge
Nutzlast in 3 Wagen übereinander . . .	1300 kg
Förderpause einschl. Umsetzen	30 sec
Höchstgeschwindigkeit bei der Material- fahrt	15 m/sec
Höchstgeschwindigkeit bei der Seilfahrt .	10 m/sec
Eigengewicht eines leeren Wagens	250 kg
Eigengewicht des Förderkorbes	2400 kg
Anzahl der Personen bei Seilfahrt . . .	18
Etagenzahl des Förderkorbes	3
Abzugbühnen	eine.

Die Förderung ist zweitrumig und besitzt Unterseil; die Förder-
trommeln werden vom Motor unmittelbar angetrieben; das Förderseil
läuft über zwei Seilscheiben im obersten Teile des Fördergerüstes nach
der über Tage neben dem Schachte stehenden Fördermaschine.

Als Seil werde mit Rücksicht auf eine 10 fache Sicherheit bei der Seilfahrt ein Rundseil von 31,5 mm Durchmesser, 1,8 mm Drahtstärke mit einem Gewicht von 3,8 kg/m gewählt, für das bei einer Materialfestigkeit von 15000 kg/qcm und einem Querschnitt von $F = 4,12$ qcm die Bruchlast 61845 kg ist. Die Biegungsanstrengung beträgt nach Gleichung 2) $\sigma_b = 365$ kg/qcm.

Die Untersuchung mag für die Materialfahrt angestellt werden.

Die auf den Trommelanfang reduzierten Schwunggewichte sind für

$$\left.\begin{array}{l}\text{2 Trommeln, 4 m Durchm., je 2 m lang} \quad \cdot \cdot \\ \text{1 Fördermotoranker} \quad \cdot \cdot \cdot \cdot \cdot \cdot \cdot \cdot \cdot \cdot \cdot \\ \end{array}\right\} \text{15 500 kg,}$$

2 Seilscheiben, 3,5 m Durchm. . . . . . . 1 600 ».

Bei einer Fahrt, bei der der Korb während der Aufwärtsbewegung mit voller Geschwindigkeit hängen bleibt, würde am Seil eine Kraft von 3900 kg an Stelle der vorher vorhandenen Kraft von 1300 kg entstehen, wenn die Maschine nach dem Anstoß mit dem dreifachen Normaldrehmoment weiterarbeitet, ehe sie automatisch durch das Auslösen des Maximalschalters stromlos wird.

Da die Deformationen in Richtung der Seilachse für das Hindernis und den Korb im Vergleich zu den Seildehnungen klein sind, soll das Hindernis im Sinne der bei der Ableitung der Formeln gemachten Voraussetzungen als unbewegliche Einspannstelle des Seiles gelten.

Das Förderseil wird bei einem solchen Unfall durch eine Summe von Kräften beansprucht, die von der motorischen Maschinenkraft und von den noch in Bewegung befindlichen Massen erzeugt werden. Bei der Geschwindigkeit der Massen $v_0 = 15$ m/sec ergibt schon die für den masselosen Faden geltende Formel 22) die Spannkraft im Seile

$$P = \sqrt{\frac{M v_0^2 \, E F}{l} + G^2} = 61\,700 \text{ kg,}$$

entsprechend einer Spannung $\sigma = 15000$ kg/qcm, wenn für M nur die Maschinenmassen (ohne das Seil auf der Trommel und ohne den Leerkorb) $\frac{15\,500}{981} = 15,80$ kg $\cdot \frac{\sec^2}{\text{cm}}$, für die Seillänge der günstige Wert $l = 60000$ cm und als Elastizitätsmodul $E = 1\,550\,000$ kg/qcm eingesetzt werden.

Ganz abgesehen davon, daß sich bei Berücksichtigung der Seilmasse mit Hilfe der aus den Formeln 37a) bis 40a) berechneten Spannungen noch wesentlich höhere Spannkräfte ergeben, wirkt neben der durch die Maschinenmassen erzeugten Spannkraft noch die erhöhte

Zugkraft des Motors bis zu seiner Abschaltung. Das Seil, für das die Bruchlast 61845 kg beträgt, wird also weit über die Proportionalitätsgrenze (8000 kg/qcm) hinaus beansprucht.

Genauer genommen wird die Kraft der Maschinenmassen auch noch verstärkt durch die Reibungskraft der Seilscheiben, die sich unter dem stillgehaltenen Seile kurze Zeit weiterdrehen, und durch die Wirkung der Massen des beanspruchten Seiles und besonders des anderen Trums, für das mindestens die Gewichte 2400 kg (Korb) + 750 kg (Wagen) + 2650 kg (Seil) in Betracht zu sehen sind.

Die Bruchgefahr bleibt auch bei Maschinen für größere Teufen für das Seil bestehen, wenn Betriebsunfälle der eben erwähnten Art eintreten, weil mit der Teufe mit Rücksicht auf die Wirtschaftlichkeit des Betriebes auch die Nutzlast und die Fördergeschwindigkeit wachsen müssen und infolgedessen auch die Maschinenmassen größer werden.

Eine Fördermaschine für 1000 m Teufe hatte bei 6000 kg Nutzlast, die auf 8 Wagen von je 420 kg Leergewicht verteilt waren, bei einem Gewicht der vieretagigen Förderschale von 10600 kg ein Seil von 71 mm Durchmesser mit einem Gewicht von 17 kg/m, einem Querschnitt von 20 qcm und einer Bruchlast von 300000 kg. (Zur Verringerung des Seilgewichtes wäre die Verwendung eines Drahtmaterials von etwa 180 kg/qcm Festigkeit vorteilhafter.)

Das auf den Seillauf reduzierte Schwunggewicht beider Trommeln von je 8 m Durchmesser und 3 m Länge und des Motorankers ist 60000 kg, sodaß, von den Massen des Abwärtstrums ganz abgesehen, die Massen von rund $61 \dfrac{\mathrm{kg} \cdot \sec^2}{\mathrm{cm}}$ unter ähnlichen Voraussetzungen und bei vereinfachter Rechnung wie im vorigen Beispiel die dynamische Spannkraft $P = 308000$ kg bei einer beanspruchten Seillänge von 800 m, einer Fördergeschwindigkeit von 20 m/sec und einem Elastizitätsmodul $E = 1550000$ kg/qcm erzeugen.

Es entsteht also auch hier eine Beanspruchung,

$$\sigma = \frac{308000}{30} = 16400 \ \text{kg/qcm},$$

die die Proportionalitätsgrenze weit überschreitet, und bei Berücksichtigung der Massenträgheit des Seiles liefert die Gleichung 37a) für $m_0 = 4,4$ eine Spannung $\sigma_{0,\max} = 26000$ kg/qcm, entsprechend einer Spannkraftspitze von $P = 22000 \cdot 20 = 520000$ kg.

.Danach bleibt auch bei wesentlich kleineren Geschwindigkeiten v_0 die Überlastungsgefahr bestehen. Beim Anfahren gegen die Seilscheiben kann die Korbgeschwindigkeit infolge der voraufgegangenen, zu spät eingeleiteten Bremsung schon auf kleine Werte gesunken sein, und doch liegt die Gefahr der Überbeanspruchung des Seiles vor, weil die beanspruchte Länge sehr kurz ist.

Wenn an Stelle der Trommeln eine Köpescheibe von 8 m Durchmesser gewählt wird, die mit dem Motoranker zusammen ein auf diesen Durchmesser reduziertes Schwunggewicht von 20000 kg besitzt, so fällt die Spannkraft kleiner aus; sie wird aber auch noch die Proportionalitätsgrenze überschreiten, wenn nicht Seilrutsch eintritt, der einen Teil der Energie aufzehrt. Die Massen des Abwärtstrums erhöhen freilich auch hier die Beanspruchung noch nennenswert.

Immerhin sind bezüglich der Seilsicherheit, wie auch sonst in mancher Hinsicht, die Köpemaschinen den Trommelmaschinen überlegen.

Mit diesen Ergebnissen für die Seilbeanspruchungen bei hängenbleibendem Korbe sollen nun die entsprechenden Werte eines Personenaufzuges verglichen werden, für den folgende Daten gelten mögen:

Personenzahl: 10 mit je 75 kg	750 kg
Korbgewicht.	650 kg
Gesamtquerschnitt der beiden Seile bei einer Materialfestigkeit von 15000 kg/qcm und unter Berücksichtigung der Biegungsanstrengung für eine Drahtstärke von 0,8 mm und etwa 6 fache Sicherheit . . .	1 qcm
Hubhöhe	15 m
Größte Hubgeschwindigkeit	1 m/sec
Gegengewicht $650 + \dfrac{750}{2} =$	1025 kg
Durchmesser der Trommel	600 mm.

Die Seillänge von der Kabine in ihrer höchsten Stellung bis zur Trommel der im Keller stehenden Maschine messe 21 m.

Die Kabine mit voller Belastung werde 1 m unter der obersten Stellung durch Steckenbleiben im Schachte plötzlich angehalten.

Die Gewichts- und die Massenwirkungen der Seile können vernachlässigt werden, für die Reibungskraft der Seilscheiben gilt dasselbe. Zu verfolgen sind danach nur die Massenwirkungen des Gegengewichts und der Maschine mit zusammen rund $3 \text{ kg} \dfrac{\text{sec}^2}{\text{cm}}$ sowie die Kraftentwicklung des Motors bis zu seiner Abschaltung. Ist diese das Dreifache der normalen, d. h. $3 \cdot 375 = 1125 \text{ kg}$, wovon hier nur

$^2/_3$ berücksichtigt werden dürfen, weil 375 kg bereits in der statischen Spannkraft von 1400 kg enthalten sind, und erfolgt die Berechnung der Massenwirkung nach der beim Förderseil letzthin wiederholt angewendeten Formel 22)

$$P = \sqrt{\frac{M v_0^2 E F}{l} + G^2},$$

so kommt bei einem Elastizitätsmodul $E = 1\,550\,000$ kg/qcm die Spannkraft $P = 4800$ kg, einschließlich der statischen Spannkraft, und die zugehörige Spannung

$$\sigma = \frac{P}{F} = \frac{4800}{1} = 4800 \text{ kg/qcm}.$$

Die Gesamtbeanspruchung von 4800 + 750 (durch das Motordrehmoment) + 1000 (Biegungsspannung) = 6550 kg/qcm für beide Seile an der Trommel (über dem Korbe ist sie um die Biegungsspannung kleiner) bleibt unterhalb der Proportionalitätsgrenze, obgleich ungünstiger als bei der Fördermaschine hier schon von vornherein mit einer kurzen Seillänge gerechnet wurde.

Damit sollen die Untersuchungen von Seilbeanspruchungen, die in außergewöhnlichen Belastungsfällen auftreten, abgeschlossen werden. Sie haben wie die schon früher beim Zusammenstellen der Formeln gezogenen kurzen Vergleiche deutlich bewiesen, daß der Bruch eines mit nur 6 facher Sicherheit gerechneten Aufzugsseiles weit seltener zu erwarten ist als der eines für 10 fache Sicherheit gewählten Förderseiles.

Die Praxis bestätigt dieses Resultat: Der großen Anzahl von Seilbrüchen in Förderbetrieben können nur wenige ähnliche Fälle bei Aufzügen gegenübergestellt werden.

B. Die Ursachen für Ausnahmebelastungen im Förderbetrieb.

Nachstehend sollen einige Störungen im Förderbetrieb aufgezählt werden, wie sie in der Seilstatistik aufgezeichnet sind; es wurde dabei der Korb seillos, in vielen Fällen nach voraufgegangenem Seilbruch.

Loswerden des Seiles aus der Seilklemme.
Reißen der Federspannkette am Korbe.
Achsenbruch der Seilscheibe.
Bruch des Seilschloßbolzens.
Nachgeben der Feststellvorrichtung an der Trommel.
Lösen der Federspannkette.
Brechen des Seilgehänges.

Zu spätes Zurückziehen der Caps.

Anstoßen der Schale an Schachtgerüstträger.

Loswerden der Mutter an der Königstange.

Aufgehen einer Gittertür der Förderschale.

Übertreiben des Korbes über die Hängebank (mehrfach).

Abgleiten des Seiles vom konischen Korbe.

Steckenbleiben der Schale infolge Eisbildung an den Führungen.

Anstoßen an die Aufsatzvorrichtung.

Brechen der Seilscheibe.

Lockerwerden einer Befestigungsschraube der Schachtleitung.

Herausrollen eines Wagens, der sich zwischen Korb und Führung
    klemmte.

Hängenbleiben eines neuen Korbes in den Führungen.

Brechen der Königstange.

Unachtsamkeit des Maschinisten.

Bruch des Seiles nach der Bildung von Hängeseil.

Bruch des Seiles infolge Materialermüdung.

Die hölzernen Leitungen waren infolge ungehöriger Abstellung
der Bewässerung abgetrocknet und rauh geworden, der Förderkorb
konnte infolgedessen nicht glatt rutschen und wurde von den federnden
Leitungen so stark ins Schwanken gebracht, daß die Fangvorrichtung
unbeabsichtigt eingriff.

Beim Umstecken wurde die Aufsatzvorrichtung zurückgezogen,
die Maschine setzte sich durch die einseitige Last in Bewegung.

Beim Sohlenwechsel war verabsäumt worden, den niedergehenden
Korb auf den Schachtklappen abzufangen; das Seil wickelte sich
infolgedessen von der Lostrommel ab, brach, und der Korb stürzte in
den Sumpf.

Weiterhin können zu Unfällen Veranlassung geben:

Das Versagen der Bremse,

eine Störung im Gange des Teufenzeigers,

der Bruch eines Maschinenteils,

Unregelmäßigkeiten im Betrieb des Fördermotors,

das Durchgehen der Dampfmaschine,

das Versagen der Steuerung,

das Rutschen des Seiles auf der Köpescheibe und anderes mehr.

Auch insofern, als viele dieser Ursachen bei Personenaufzügen
von vornherein ausgeschlossen sind, gerät das Aufzugsseil seltener in
Gefahr als das Förderseil.

C. Die Stoßbeanspruchungen infolge von Schlaffseil.

Zum Schluß soll noch ein Vorfall rechnerisch geprüft werden, der sich bei Fördermaschinen, und zwar wieder zuungunsten der Förderseilbeanspruchung nur bei diesen leicht im normalen Betrieb ereignet: Der Sturz des Förderkorbes bei Schlaffseil und zu frühem Zurückziehen der Aufsatzvorrichtung, wie er schon wiederholt erwähnt wurde.

Bei der früher, S. 57, behandelten großen Maschine für 1000 m Teufe mögen an der Hängebank die vollen Wagen abgezogen und die leeren aufgeschoben sein. Das Schlaffseil mag $h = 1$ m betragen, die beanspruchte Seillänge ca. 80 m, die ganze Korblast 13 690 kg.

Dann ist infolge des vorzeitigen Zurückziehens der Aufsatzvorrichtung bei dem hier vorhandenen Massenverhältnis $m_0 = 10,3$ und bei einem Elastizitätsmodul $E = 1\,550\,000$ kg/qcm eine dynamische Spannung nach Gleichung 43) von $\sigma_{o,\,max} = 6850$ kg/qcm zu erwarten, zu der die statische Spannung und die Biegungsspannung in den Seildrähten noch zu addieren sind. War das Seil für eine Beanspruchung von 1845 kg/qcm bei der Materialfahrt berechnet, so erhält es bei der obigen Beanspruchung eine rund viermal größere Anstrengung, die die Proportionalitätsgrenze überschreitet, und käme eine solche Belastung bei einer über dem Schachte stehenden Maschine vor, so würde selbst bei einer Seillänge von ca. 20 m und einem zugehörigen $m_0 = 41$ eine Spannkraft resultieren, die weit über die der Proportionalitätsgrenze entsprechende Beanspruchung hinausgeht.

Ein solches Stürzen des Korbes in das Seil tritt auch auf, wenn die Maschine plötzlich stillsteht oder zu stark abgebremst wird[1] und der beladene Aufwärtskorb infolge seiner lebendigen Kraft noch weiter aufsteigt. Im ersteren Falle kommen, entsprechend den Korbgeschwindigkeiten bis 20 m/sec, Fallhöhen bis zu ca. 20 m vor, so daß $\frac{20}{4,43}$, also 4½ mal größere Beanspruchungen auftreten, als sie in dem soeben behandelten Zahlenbeispiel berechnet worden sind. Besitzt die Maschine dazu noch ein Unterseil, so ändern sich das Massenverhältnis m_0 von 10,3 auf rund 21,8, der Klammerwert in Gleichung 43) von 4,21 auf 5,67 und damit die Anstrengung noch weiter zuungunsten der Seilsicherheit, wenn auch die Beanspruchung durch das elastische

---

[1] Bei Schnellbremsungen kommen Verzögerungen von mehr als 5 m/sec² vor (s. 40)).

Unterseil in Wirklichkeit etwas günstiger ausfällt, als es die Formel 43) angibt.

Auch beim Anfahren aus einem Schlaffseil sowie beim normalen Anfahren und Bremsen treten um so ungünstigere Beanspruchungen im Seile auf, je mehr die Massen eine Rolle spielen. Dementsprechend fallen die zu den statischen hinzukommenden dynamischen Spannungen bei Fördermaschinen höher aus als bei Aufzügen.

D. Mildernder Einfluß des Arbeitsvermögens des Seildrahtmaterials auf die Haltbarkeit des Seiles.

Die Ergebnisse des vorigen Abschnittes haben wiederholt Spannungen gebracht, die die Proportionalitätsgrenze überschritten, so daß man nunmehr wohl gar sagen möchte, daß danach noch mehr Förderseile reißen müßten, als in Wirklichkeit zu Bruch gehen. Man könnte vermuten, daß für dieses scheinbare Abweichen der Theorie von der Praxis der Grund darin zu suchen sei, daß die Rechnungsansätze und Formeln zum großen Teile nur Annäherungen mit zu hohen Spannungswerten bedeuten.

Wenn dem auch so ist, so sind doch die Fehler der Annäherungen nicht so groß, daß sie das wahre Bild übermäßig stark verzerren; auch kommen bei der Förderung Überbelastungen des Seiles viel öfter vor, als es den Betriebsleitern bekannt wird.

Wenn aber auf der einen Seite der Betrieb der Fördermaschinen hie und da Veranlassung zu so hohen Beanspruchungen gibt, so mildern die guten Eigenschaften des Betriebsmaterials, in erster Linie die des Seiles selbst, die zerstörenden Wirkungen der Stoßspannungen, und es soll hierüber noch einiges erwähnt werden.

Das Förderseil kann die berechneten Spannkräfte, selbst wenn sie bis an die Bruchgrenze gehen, wiederholt aushalten, weil bei der stoßartigen, schnell wieder sinkenden Belastung selten der Arbeitswert von der Stoßmasse mit ihrer kinetischen Energie aufgebracht werden kann, der zum Zerreißen des Seiles gehört, und der mindestens das Arbeitsvermögen[1] des bei der beanspruchten Länge und bei der Art der Spannungsverteilung in Betracht kommenden Seilteiles erreichen muß. Es handelt sich bei den Schwingungsspannungen eben nicht um solche, die durch vergrößerte Lasten oder durch dauernd zu hohe Kräfte hervorgerufen werden; durch diese würde das Seil schon bei einmaliger

---

[1] 16) Bach.

Wirkung zerrissen werden. Bei der Beanspruchung durch Schwingungsspannungen, die über die Elastizitätsgrenze hinausgehen, wird nur ein kleiner Teil des Arbeitsvermögens vernichtet, weil die Spannungen besonders bei Seilen, bei denen die Seilmasse eine Rolle spielt, äußerst kurze Zeit[1]) ihre Höhe behaupten, sogleich wieder stark abfallen und durch Dämpfung der Schwingungen mehr und mehr abgeschwächt werden.

Bei ungleichmäßiger Verteilung der Spannungen über die Seillänge, wie sie beim massebehafteten Seile vorliegt, kommt das Arbeitsvermögen des oder der am stärksten beanspruchten Seilelemente gegenüber der diesen Elementen aufgebürdeten Deformationsarbeit in Betracht. In solchem Falle kann das Arbeitsvermögen des Seiles oder eines größeren Teiles desselben nicht voll ausgenutzt werden. Dafür ist es aber von günstigem Einfluß, daß in dem Augenblick, in dem an dem höchst beanspruchten Seilelement die größte Deformationsarbeit geleistet wird, die übrige Seilmasse und meistens auch der Korb noch in Bewegung sind, also noch kinetische Energie mit sich führen, während beim masselosen Seile die größte Dehnung bei momentan ruhendem Seile auftritt, nachdem die ganze kinetische Energie, die die Masse beim Stoßbeginn besaß, in Deformationsarbeit[2]) umgewandelt ist.

Diese Umstände klären den scheinbaren Widerspruch zwischen den Rechnungen und den Betriebserfahrungen auf, ohne den Wert der Formeln herabzudrücken; es zeigt sich, daß selbst hohe, einmalige Schwingungsbeanspruchungen nicht unbedingt für den Augenblick gefährlich sind.

Bei ganz kurzen, übermäßig beanspruchten Seillängen kann der Bruch allerdings sofort eintreten, da das Arbeitsvermögen des Seiles mit der Abnahme der Länge sinkt, die Spannkraft bei der gleichen kinetischen Energie jedoch stark wächst.

Aber auch bei längeren Seilen ist die Herabminderung der Gefahr durch das große Arbeitsvermögen nur solange vorhanden, als das Seil seine ursprünglichen Fähigkeiten noch an allen Stellen in ausreichendem Maße besitzt. Da jede über die Elastizitätsgrenze hinausgehende Beanspruchung eine bleibende Dehnung hinterläßt, so wird das Arbeitsvermögen des Seiles oder einzelner Teile desselben

---

[1]) S. die Spitzen Fig. 11, Tafel.

[2]) Diese Deformationsarbeit verteilt sich selbst beim masselosen Faden nur so lange gleichmäßig über seine Länge, als nicht an einem kleinen, materialschwächeren Teile besonders nach dem Überschreiten der Elastizitätsgrenze verhältnismäßig größere Dehnungen auftreten.

je öfter um so mehr geschwächt, ohne daß die Bruchfestigkeit abzu-
nehmen braucht; diese bleibt vielmehr im allgemeinen konstant.

Es ist deshalb wohl möglich, daß ein Seil, das kurz vor dem Bruch
auf seine Festigkeit geprüft wurde und die beim Auflegen vorhanden
gewesene Festigkeit zeigte, dann doch bei der nächsten Gelegenheit
reißt, weil eben das Arbeitsvermögen im ganzen oder an einigen
Stellen stark reduziert war.

Leider täuscht der günstige Einfluß des Arbeitsvermögens den
Maschinisten hinsichtlich der Beanspruchungsfähigkeit des Seiles und
macht ihn leicht sorglos.

Mit wenigen Ausnahmen behandelt wohl jeder Führer seine Maschine nur in der ersten Zeit genau nach den Vorschriften und Rat-
schlägen seiner Vorgesetzten; wenn er sie erst selbst ausprobiert hat,
und wenn er weiß, was er ihr zumuten kann, dann tritt an die Stelle
der Vorschriften mehr oder weniger das eigene Ermessen und Gefühl,
ohne daß das Verantwortungsgefühl deshalb nachzulassen braucht.
So lernen die Maschinisten bald die vorzüglichen Eigenschaften des
Drahtseils kennen, die mit dem Arbeitsvermögen im Zusammenhang
stehen, ohne daß sie hiervon wissen; die guten Erfahrungen, die sie
bei Stößen, Überlastungen oder bei betriebswidrigem Fahren gemacht
haben, werden für sie dann bei der Behandlung der Maschine mehr
maßgebend als die Regeln der Bedienungsvorschriften.

Da muß man sagen, daß es ein großer Schritt vorwärts war,
als man wenigstens für den Anfahr- und für den Auslaufweg die Steuerung der Willkür des Maschinisten durch die Begrenzung der Hebel-
bewegung in Abhängigkeit von den vom Förderkorb zurückgelegten
Wegen entriß. Alle größeren Maschinen besitzen einen Steuer-
apparat, der diesen Bedingungen entspricht.

Schlußwort.

Die Fördermaschine steht dem Aufzug nicht nur hinsichtlich der durchschnittlichen Sicherheit während des normalen Betriebes nach, das Förderseil gerät auch bei Störungen des regelrechten Betriebes weit eher in Bruchgefahr als das Aufzugsseil.

Das ist das Resultat, das die Erwägungen und die Rechnungen gebracht haben.

Beiläufig mag noch erwähnt werden, daß beim Aufzug mit dem Reißen oder auch schon bei einer stärkeren Dehnung des Seiles die Fangvorrichtung in Tätigkeit tritt, die dann unter günstigen Umständen die Kabine stillsetzt, während bei der Fördermaschine die Fangvorrichtung oft ganz fehlt oder sonst unter viel schwierigeren Verhältnissen zu arbeiten hat und nachweislich oft versagt.

Auch in dieser Beziehung erreicht die Sicherheit der beförderten Personen bei der Fördermaschine nicht den Wert, den sie beim Aufzug tatsächlich besitzt.

Wenn es bei der äußerst verwickelten Natur der Schwingungsbeanspruchungen und bei den vielen Belastungsmöglichkeiten für Förderseile auch nicht immer von vornherein zu erwarten ist, daß die vorstehend gegebenen Formeln in jedem Falle völlig zutreffende Resultate liefern: so bieten die Gleichungen doch eine Handhabe zur Berechnung von Beanspruchungen, die den tatsächlich auftretenden Zuganstrengungen wesentlich näher kommen als die nach den bisher im Gebrauch gewesenen Formeln ermittelten Spannungen; sie ermöglichen eine im wesentlichen zuverlässige Berechnung der Stoßbeanspruchungen anstelle der vielfach üblichen Schätzung, über die Bansen mit Recht sagt[1]): »die Zugbeanspruchung durch Stöße ist jeder Schätzung unzugänglich«.

---

[1]) 45) Bd. III, S. 60.

Die Gleichungen lassen sich auf der einen Seite für das eingehendere Studium der Seilbeanspruchungen in besonderen Fällen verwenden, unter anderem für das Anfahren und Bremsen der Maschinen. Schon nach den Ergebnissen dieser Arbeit liegt es auf der Hand, daß bei der mit dem Beschleunigen und Verzögern des Korbes verbundenen Krafteinleitung in das Seil die Beanspruchungen beim Förderseil mit seiner großen Masse gleichfalls höher ausfallen müssen, als die noch gebräuchlichen Formeln der Spannungsberechnung für die Beschleunigungsperiode es angeben, und ungünstiger als beim Aufzugsseil, dessen Masse bedeutungslos ist.

Auf der anderen Seite lassen sich die gewonnenen Ergebnisse und Formeln verwerten für die Beurteilung der jetzt bestehenden Sicherheitsvorschriften wie auch des Einflusses der neuen Vorschläge, die für eine Änderung dieser Vorschriften gemacht sind und auch weiterhin wohl noch werden gemacht werden; schließlich werden sie auch bei der Deutung der wichtigen Seilstatistik zum Auffinden und richtigen Beurteilen der Ursachen so manches Seilbruches beitragen können.

Die nähere Betrachtung der Schwingungsvorgänge hat gezeigt, daß die Beanspruchungen des Seilteiles über dem Korbe bei den Reflexionen der Dehnungswellen leicht und oft die zulässige Grenze überschreiten können[1]); die schädlichen Folgen dieser Überlastungen würden sich öfter bemerkbar machen, wenn der unterste Seilteil bei Trommelmaschinen[2]) nicht rechtzeitig vor dem Eintreten eines Seilbruches abgehauen würde. Auch für den oberen Seilteil ergaben sich selbst für sehr lange Seile hohe Reflexionsspannungen, so daß die allgemein verbreitete Ansicht, daß mit der Zunahme der beanspruchten Länge des Seiles die Stoßbeanspruchung schnell und stark sinkt, als nur in beschränktem Maße richtig bezeichnet werden kann[3]).

So sehr die guten Eigenschaften, die das Seil mit seinem Arbeitsvermögen und die es als neues Seil mit seinem niedrigen Elastizitätsmodul besitzt, das Ungünstige der Rechnungsergebnisse abzuschwächen schienen, so muß naturgemäß doch immer wieder ver-

---

[1]) S. S. 37, Anmerkg., S. 42 und 47.

[2]) Bei Köpemaschinen fallen die Schwingungsspannungen über dem Korbe durch Kraftwirkungen seitens der Maschine geringer aus, weil die Maschinenmassen kleiner sind.

[3]) Siehe S. 35 und 45) III S. 60 oben.

langt werden, daß über die Elastizitätsgrenze hinausgehende Beanspruchungen vermieden werden, wenn die Seilsicherheit ihren nicht allein durch die Festigkeit, sondern vor allem auch durch die Größe des Arbeitsvermögens des Drahtmaterials bedingten Anfangswert behalten und die Betriebssicherheit gewahrt bleiben soll.

Wenn deshalb von den Bergwerken zum Herabmindern des großen Seileigengewichtes mildere Vorschriften bezüglich der verlangten statischen Seilsicherheit und die Zulassung eines Drahtmaterials, dessen Festigkeit möglichst noch über 18000 kg/qcm liegt, angestrebt werden: so sollte angesichts der gewonnenen Ergebnisse sorgfältig geprüft werden, wieweit die jetzt übliche Berechnung der Seile und die Festsetzung der Seilsicherheit als rein statische maßgebend bleiben darf.

Neuerdings sind zwei Vorschläge[1]) gemacht worden. Nach dem ersten soll der Sicherheitsfaktor, $\mathfrak{S} = (m + n)$ gebildet werden, wobei sich m auf die Korblast, n auf das Seilgewicht bezieht. Die Sicherheitszahl m soll z. B. für alle Seile 6 sein, n dagegen in Abhängigkeit von Teufe und Korblast zwischen 6 und 3 gewählt werden.[2])

Speer empfiehlt es als wirtschaftlich, Teufen über 1200 m zu teilen und auf der Mitte umzuladen.

Ein bedingungsloses Verringern der Sicherheitsziffer kann keinesfalls gutgeheißen werden.[3])

Solange die Betriebsbedingungen, die gewisse Überbeanspruchungen des Seiles mit sich bringen können, sich nicht ändern lassen, muß mit ihnen auch soweit als irgend möglich gerechnet werden.

Eine Verminderung der Seilsicherheit und die Zulassung eines festeren Drahtmaterials, die beide das Seileigengewicht beeinflussen und dem zu erwartenden weiteren Wachsen der Teufen die Wege wesentlich ebnen würden, erscheinen nur zulässig, wenn bei weiterer Vervollkommnung der Sicherheitseinrichtungen auf der einen Seite die heutige, rohe Seilberechnung durch eine genauere ersetzt wird,

---

[1]) 39), 40), 41), 42).

[2]) Die Verbindung von m und n ist auch noch in anderer Form und mit anderen Zahlenwerten vorgeschlagen worden, worauf hier nach dem Hinweis auf die unter 1) erwähnte Literatur nicht weiter eingegangen werden soll.

[3]) 52) Auf diese Abhandlung mit Vorschlägen für die Seilsicherheit kann hier nur kurz hingewiesen werden, da die vorliegende Arbeit sich beim Erscheinen des Aufsatzes von Speer bereits im Drucke befand.

die auch die Biegung beachtet und unter besonderer Berücksichtigung der Eigenart der Maschinen durch Nebenrechnungen ergänzt wird, die wenigstens über die dynamischen Verhältnisse beim Anfahren und beim Bremsen genügend Aufschluß geben; wenn die Bauregeln unter anderem mehr noch als bisher hinreichend große Seillängen zwischen Korb und Maschine bei der höchsten Korbstellung, besonders aber auch zwischen Hängebank und Seilscheiben, sowie möglichst kleine Maschinenmassen fordern, und wenn eine Verschärfung der Vorschriften für das Material hinsichtlich seiner Prüfung[1]) und wiederholten Nachprüfung im Betrieb unter Berücksichtigung des Arbeitsvermögens des Drahtmaterials oder doch weitergehender Beachtung der Dehnung eintritt.

Ebenso würde eine eingehendere Belehrung der Fördermaschinisten über die Seileigenschaften und über die Gefahren der Seilüberlastung die Verhältnisse der Seilsicherheit günstiger gestalten; bei dem starken Verantwortungsgefühl, das die Maschinenführer besitzen, würden sie durch solche Aufklärungen zweifellos veranlaßt werden, in vielen Fällen vorsichtiger zu fördern — z u g u n s t e n der Sicherheit der fahrenden Mannschaft.

---

[1]) 45), IV, S. 32 über vereinigte Beanspruchung.

Erklärung der benutzten Buchstabenbezeichnungen.

Es bedeuten:

l in cm die Länge eines Seiles, Fadens oder Stabes.

x in cm die Teillängen des Seiles, Fadens oder Stabes.

F in qcm den tragenden Querschnitt der Seildrähte.

d in cm den Seildurchmesser.

δ in cm den Durchmesser der Seildrähte.

z die Anzahl der Drähte im Seil.

R in cm den Radius der Trommel oder der Seilleitrolle.

γ in kg/ccm das auf $F = 1$ qcm Seildraht reduzierte Gewicht der Seillängeneinheit 1 cm (im Durchschnitt 0,009 und mehr für Seile mit Hanfeinlagen, einschl. der letzteren), sonst auch das spezifische Gewicht eines Körpers.

$\gamma \cdot F$ in kg das Gewicht der Längeneinheit 1 cm des Seiles.

$G_x = \gamma \cdot F \cdot x, G_l = \gamma \cdot F \cdot l$ in kg das Gewicht der Seillänge x oder l.

G in kg das Gewicht einer Einzellast am Seile.

g in cm/sec² die Erdbeschleunigung.

p in cm/sec² die Beschleunigung einer bewegten Masse.

M mit passendem Index in kg-Masse die Masse einer Einzellast

$$= \frac{\text{Gewichts-kg}}{981} \cdot \frac{\text{sec}^2}{\text{cm}}.$$

m die Masse des Seiles.

m_0 das Massenverhältnis: Korbmasse dividiert durch Seilmasse.

v_0 in cm/sec die Höchstgeschwindigkeit bei der Förderung und die anfängliche Stoßgeschwindigkeit einer bewegten Masse.

h in cm die Fallhöhe einer stürzenden Masse.

P mit passendem Index in kg die im Seile auftretenden Spannkräfte, die für die Dehnungen und für die Beanspruchungen in Frage kommen.

σ mit passendem Index $= P/F$ in kg/qcm die in den Seilquerschnitten auftretenden Zugspannungen.

k_z in kg/qcm die **zulässige** Beanspruchung des Seildrahtmaterials auf Zug.

K_z in kg/qcm die Bruchfestigkeit der Seildrähte.

$\beta = \frac{1}{4}$ bis $\frac{3}{8}$ die Bachsche Konstante für die Berechnung der Biegungsspannungen im Seile.

$\mathfrak{S} = \dfrac{K_z}{\sigma}$ die Sicherheit als Verhältnis der Bruchfestigkeit zur Beanspruchung.

E in kg/qcm den Elastizitätsmodul.

s mit passendem Index in cm die Seilverlängerung in Richtung der Seilachse, bzw. die Wege einzelner Seilpunkte bei der Dehnung.

ε die Dehnung als die auf die Längeneinheit 1 cm bezogene Verlängerung $\dfrac{ds}{dx}$.

D mit passendem Index in cmkg die Deformationsarbeit bei der Dehnung des Seiles.

t in sec die Zeit.

A, B, C in cm Amplituden der Schwingung bzw. Integrationskonstanten.

a in cm/sec die Fortpflanzungsgeschwindigkeit der Wellen in elastischen Stäben.

Literaturangaben.

1) Hraback, Die Drahtseile, 1902.
2) Undeutsch, Hermann, Spannungen aufgehängter prismatischer Körper. (Verl. Craz & Gerlach, Freiberg i. Sa. 1892.)
3) Derselbe, Theorie, Konstruktion, Prüfung und Regelung der Fallbremsen und Energieindikatoren, einschl. der Beanspruchung und Prüfung der Schachtförderseile auf Stoß. (Verl. Franz Deuticke, Leipzig u. Wien 1905.)
4) Zeitschr. Glückauf, Juninummer 1912: Der Sicherheitsfaktor der Förderseile von Prof. Fr. Herbst.
5) Jaeger, H., Bestimmungen über Einrichtung und Betrieb der Aufzüge. (Karl Heymanns Verl., Berlin 1910.)
6) Einecker, Die Sicherheitsvorschriften für die Bergwerke in Deutschland. (G. D. Baedeker, Essen 1909.)
7) Keck, Wilh., Vorträge über Mechanik. (Helwingsche Verl.-Buchh., Hannover 1897.)
8) Föppl, Dr. Aug., Vorlesungen über Technische Mechanik. (Verl. B. G. Teubner, Leipzig 1909 u. f.)
9) Hort, Dr. Wilh., Technische Schwingungslehre. (Verl. Jul. Springer, Berlin.)
10) Lorenz, Hans, Prof. Dr., Technische Mechanik, Bd. I, 1902 (Verl. R. Oldenbourg, München u. Berlin) und Bd. IV, Techn. Elastizitätslehre, 1913.

11) Love, Lehrbuch der Elastizität, deutsch von Dr. Aloys Timpe. (Verl. Teubner, Leipzig 1907.)

12) The London, Edinburgh and Dublin Philosophical Magazine and Journal of Science, Vol. XI, Sixth Series, January-June 1906: Winding Ropes in Mines by Prof. John Perry.

13) Routh, Mechanik, Die Dynamik der Systeme starrer Körper. Deutsch von A. Schepp. (Verl. Teubner, 1898.)

14) Kirchhof, Gustav, Vorlesungen über Mechanik. (Verl. Teubner, 1897.)

15) Wittenbauer, Aufgaben aus der technischen Mechanik, II. Bd. Festigkeitslehre. (Verl. Jul. Springer, Berlin 1913.)

16) Bach, C. v., Elastizität und Festigkeit. (Verl. Jul. Springer, Berlin.)

17) Hütte, Des Ingenieurs Taschenbuch.

18) Lord Rayleigh, Theorie of Sound, Kap. VII, VIII etc.

19) Bethmann, H., Der Aufzugbau. (Verl. Fr. Vieweg & Sohn, Braunschweig 1913.)

20) Treptow, Emil, Grundzüge der Bergbaukunde. (Verl. Spielhagen & Schurig, Wien u. Leipzig 1907.)

21) Wirtschaftliche Schachtförderungen aus großen Teufen von Moldenhauer, Glückauf, 23. u. 30. Dez. 1911.

22) Österreich. Zeitschrift für Berg- und Hüttenwesen, Nov.-Hefte 1900, Einiges über Seildraht und Drahtseile.

23) Bergakademisches Jahrbuch, 49. Bd., 1901, Prof. \ Káš: Beanspruchung der Förderseile mit Rücksicht auf die bei dem Betriebe vorkommenden Stoßäußerungen.

24) »Glückauf« 1912, Nr. 19, 20, 21, 29, 30: Die Sicherheit der Förderseile von Dipl.-Ing. Speer.

25) Desgl. 43. Jahrg. 1907, Nr. 35: Die Untersuchungsergebnisse der Transvaaler Seilfahrtskommission von Oberbergrat Prof. H. Undeutsch, Freiberg.

26) Desgl 1909, 30. Okt bis 13. Nov.: Die Bruchgefahr der Drahtseile von Bock.

27) Desgl. 1906, S. 287, 1907, S. 35.

28) Desgl. 1906, S. 910/11: Die Verwendung des Flachseiles bei Köpeförderungen von Seidl.

29) Desgl. 1905, Nr. 18: Die Seilfahrtkommission.

30) Zeitschr. f. Dampfk. u. Masch.-Betr. S. 447/48: Über Förderseile von Luhr.

31) Zschetzsche, Zeitschr. d. Ver. d. I. 1894.

32) Zeitschr. d. Ver. deutscher Ingenieure 1904, S. 150: Einfluß der Aufsatzvorrichtungen auf die Förderung.

33) Report of the Transvaal Commission on the use of winding ropes, etc. Forts. Eng. News 1907, S. 548/49 (Zusammenstellung der Unglücksfälle, Versuche mit Fangvorrichtungen).

34) Jahrbücher der Oberbergamtsbezirke in Preußen und Jahrbuch für das Königreich Sachsen.

35) Zeitschr. für Berg-, Hütten- und Salinenwesen 1907, Heft 4, S. 615/40: Bericht der Transvaaler Regierungskommission über Förderseile etc. von Mellin.

36) Desgl. 1899, Heft 5, S. 315/23: Der Unglücksfall im Gotthardschacht der kons. Paulus-Hohenzollern-Steinkohlengrube bei Beuthen, O.-S., von Steinhoff.

37) Statistik der Schachtförderseile im Oberbergamtsbezirk Dortmund, jährlich erscheinend seit 1872.

38) »Glückauf«, 23. Aug. 1913: Beitrag zur Beurteilung der Sicherheit von Drahtseilen von Benoit.

39) Desgl. 4. Okt. 1913: Erörterung einiger Fragen, die mit der Verwendung längerer Seile zusammenhängen, von Baumann.

40) Desgl. 18. Okt. 1913: Der Sicherheitsfaktor der Förderseile von Dr.-Ing. Speer.

41) Zeitschr. f. d. Berg-, Hütten- und Salinenwesen 1913: Untersuchungen der Preußischen Seilfahrtkommission, Sonderhefte I und II.

42) Desgl. 22. Nov. 1913: Die Berechnung des Sicherheitsfaktors der Schachtförderseile mit gesonderter Berücksichtigung des Gewichtes der Förderlast und des Seilgewichtes von Herbst.

43) »Glückauf«, 3. Jan. 1914: Ergebnisse der Seilstatistik des oberschlesischen Bleizinkbergbaues von Nimptsch.

44) Balthaser, A., Elektrisch betriebene Fördermaschinen, Sammlung Göschen 1913.

45) Bansen, Bergwerksmaschinen: III. Schachtfördermaschinen und IV. Die Schachtförderung. (Verl. Jul. Springer, 1913.)

46) Heise u. Herbst, Lehrbuch der Bergbaukunde, Bd. 2. (Verl. Jul. Springer, 1913.)

47) Zeitschr. des Zentralverbandes der Bergbau-Betriebsleiter Österreichs 1910, S. 345: Aufsatz über Drahtseile von Divis.

48) Österr. Zeitschr. für Berg- und Hüttenwesen 1909, S. 474: Aufsatz von Stör.

49) Zeitschr. d. Vereins deutscher Ingenieure 1914, S. 663: Der kleinste Rollendurchmesser für Drahtseile von Blasius.

50) Zeitschr. des Ver. deutscher Ingenieure 1907, S. 652: Abhandlung von Isaacksen.

51) Zeitschr. d. Ver. deutscher Ingenieure 1914, S. 985/86: Entgegnungen von Macka und Benoit zu 49).

Weitere Literaturangaben über die Schwingungstheorie finden sich in den Werken 9) und 11), über Drahtseile und Fördermaschinen in 45).

52) »Glückauf«, 2. Jan. u. 9. Jan. 1915: Vorschläge für die zukünftige Bemessung des Sicherheitsfaktors der Schachtförderseile von Prof. Herbst.

Weitere Literaturangaben bieten die erwähnten Aufsätze in der Zeitschrift »Glückauf«.

Literaturnachtrag.

53) Zur Beurteilung der Drahtseilschwebebahnen für Personenbeförderung von Dr.-Ing. R. Woernle, Habilitationsschrift, Karlsruhe 1913.

54) Ist die heutige Berechnungsweise der Drahtseile zulässig? Sitzungsbericht des Karlsruher Bezirksvereins deutscher Ingenieure vom 12. Januar 1914.

55) Dr.-Ing. R. Woernle, Ein Beitrag zur Beurteilung der heutigen Berechnungsweise der Drahtseile, Verl. F. Gutsch, Karlsruhe 1914.

56) Peter F. Prof., Die Seile und Ketten, 1914.

57) Zeitschr. d. Bayer. Rev.-Vereins 1915, Prof. R. Baumann, Beitrag zur Frage des Unbrauchbarwerdens von Drahtseilen.

58) Anzeiger f. d. Drahtindustrie 1915, S. 154 u. f. Erfahrungen mit Drahtseilen.

59) Erfahrungsmaterial über das Unbrauchbarwerden der Drahtseile von C. Bach, Selbstverl. d. Ver. deutscher Ingenieure, Berlin 1915.

60) Die Drahtseilfrage, Beanspruchung, Lebensdauer, Bemessung von Seilen, insbes. von Aufzugsseilen und ihre experimentelle Erforschung von G. Benoit, unter Mitwirkung von Dr.-Ing. R. Woernle, Verl. Fr. Gutsch. Karlsruhe 1915. (Mit zahlreichen Literaturangaben).

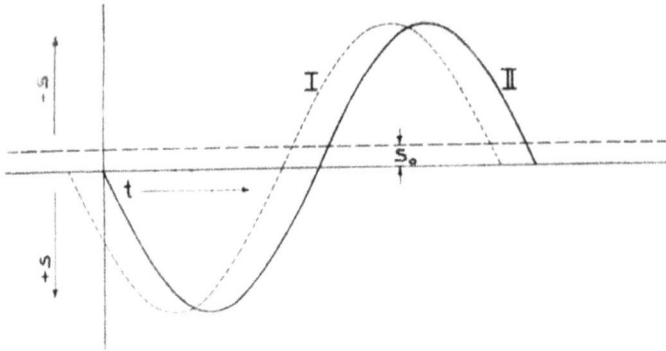

Fig. 1.

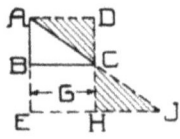

$$\underline{P_s = 0} \ , \ \underline{P = 2G} ,$$
$$\underline{v_0 = 0} .$$

Fig. 5.

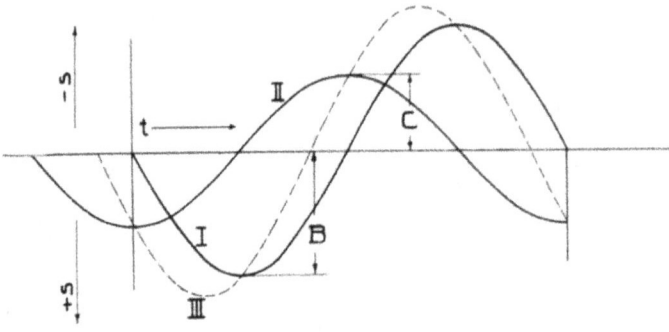

Fig. 2.

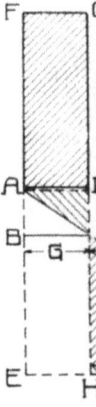

$$\underline{P_s = 0} ,$$

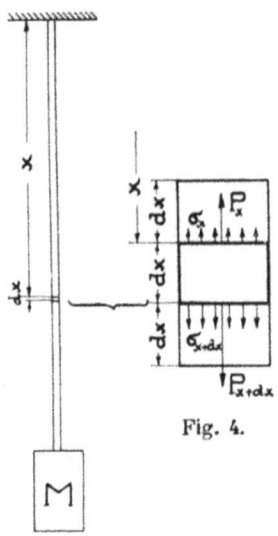

Fig. 4.

Fig. 3.

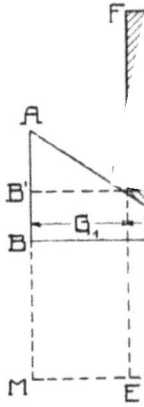

$$\underline{P_s = G_1} ,$$

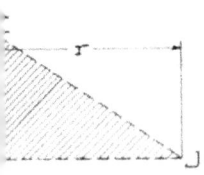

P nach Gl. 21).

Fig. 6.

18).

20).

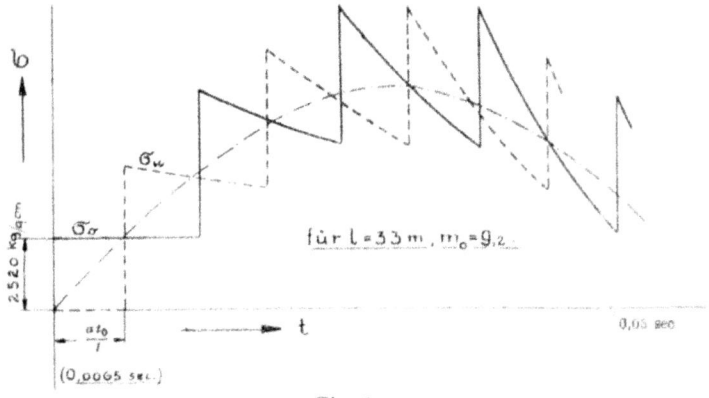

für l = 33 m, m_o = 9,2.

Fig. 9.

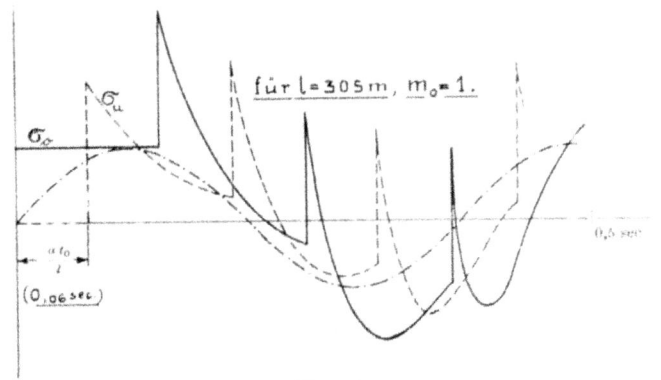

für l = 305 m, m_o = 1.

Fig. 10.

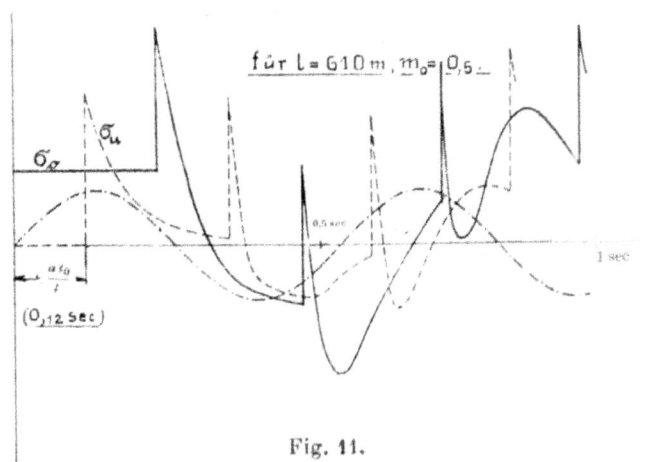

für l = 610 m, m_o = 0,5.

Fig. 11.

Druck und Verlag von R. Oldenbourg, München und Berlin.

www.ingramcontent.com/pod-product-compliance
Lightning Source LLC
Chambersburg PA
CBHW081240190326
41458CB00016B/5859